AF283888

Guía para el docente y solucionarios

Administración y diseño de redes departamentales

ic editorial

Editado por: IC Editorial
c/ Cueva de Viera, 2, Local 3
Centro Negocios CADI
29200 Antequera (Málaga)
Teléfono: 952 70 60 04
Fax: 952 84 55 03
Correo electrónico: iceditorial@iceditorial.com
Internet: www.iceditorial.com

Guía para el docente y solucionarios:
Administración y diseño de redes departamentales

1ª Edición

© IC Editorial 2025

IC Editorial ha puesto el máximo empeño en ofrecer una información completa y precisa. Sin embargo, no asume ninguna responsabilidad derivada de su uso, ni tampoco la violación de patentes ni otros derechos de terceras partes que pudieran ocurrir. Mediante esta publicación se pretende proporcionar unos conocimientos precisos y acreditados sobre el tema tratado. Su venta no supone para IC Editorial ninguna forma de asistencia legal, administrativa ni de ningún otro tipo.

Reservados todos los derechos de publicación en cualquier idioma.

Cualquier forma de reproducción, distribución, comunicación pública o transformación de esta obra solo puede ser realizada con la autorización de sus titulares, salvo excepción prevista por la ley. Diríjase a CEDRO (Centro Español de Derechos Reprográficos) si necesita fotocopiar o escanear algún fragmento de esta obra (www.cedro.org).

Según el Código Penal, el contenido está protegido por la ley vigente que establece penas de prisión y/o multas a quienes intencionadamente reprodujeren o plagiaren, en todo o en parte, una obra literaria, artística o científica.

ISBN: 979-13-7027-065-0
Depósito Legal: MA 1785-2025

Impresión: PODiPrint
Impreso en Andalucía - España

Índice

Bloque 1
Guía para el docente: técnicas de enseñanza y aprendizaje

Contenido

1. Introducción

El presente capítulo está destinado a ofrecer al cuerpo docente responsable de la enseñanza del programa de cualificaciones profesionales y certificados de profesionalidad, una guía metodológica para obtener el máximo rendimiento de los contenidos formativos que han sido desarrollados para el presente título.

La mejora de las habilidades comunicativas y la aplicación de una metodología contrastada de enseñanza, aprendizaje y evaluación permitirá transmitir el conocimiento y adquirir el programa formativo de la forma más efectiva y práctica posible.

Estudiaremos cuáles son los principales elementos que forman parte de la comunicación profesor-alumno, a través de una cuidada selección de sistemas de planificación de estrategias didácticas, así como la utilización de medios y recursos didácticos.

La integración de todas las actividades planificadas alrededor de un plan de formación adaptado e individualizado, aumentará además la satisfacción del alumnado por la utilización de un sistema no lineal e interactivo que se retroalimenta gracias a la relación establecida entre la propia metodología y los actores que forman parte de la enseñanza.

2. El programa de formación

Una de las claves del éxito de la mayoría de las actividades que se realizan en general, y concretamente en la formación, es la **programación.** Es necesaria la programación de las acciones formativas, para que así se pueda alcanzar el objetivo final, es decir, que el alumno obtenga una buena capacitación y adquiera nuevos conocimientos en su repertorio y que, después, sea capaz de emplearlos en su trabajo.

2.1. Definición de programación

Cuando se habla de **programación,** se pueden encontrar multitud de definiciones. Para sintetizar, se podría definir como la actividad de enunciar lo que se quiere hacer (objetivos, contenidos, métodos, temporalización, medios y recursos didácticos y evaluación).

 Definición

Programación
Es un plan donde se establecen las acciones que se van a realizar en un proceso de enseñanza-aprendizaje, por medio de un formador o un equipo.

A continuación, se va a describir una serie de características que tiene que tener una programación didáctica:

- Dinámica. Una programación no es estática ni está acabada, siempre está en constante revisión, de ahí su dinamismo. Además va cambiando o evolucionando según los resultados de la evaluación continua que se va realizando durante la ejecución de la acción.
- Flexible. Esta característica permite que se puedan hacer cambios, ampliaciones, reducciones y actualizaciones de los contenidos y actividades programadas, según las necesidades que se observen.
- Creativa. La programación como es un diseño propio y exclusivo, exige creatividad y originalidad. El docente es el que decide sobre el quehacer en el aula teniendo en cuenta las características del grupo, las necesidades que se pretenden satisfacer y las propias posibilidades.
- Prospectiva. La programación consiste en hacer un pronóstico de la interacción que se va a producir en el aula.

- Sistemática. La programación es un proceso sistematizador que da coherencia a la acción formativa, ya que tiene en cuenta todos los elementos (objetivos, contenidos, métodos, temporalización, medios y recursos pedagógicos y evaluación) que intervienen en el acto educativo y analiza sus relaciones.
- Integradora. Permite integrar elementos de cualificación técnico-profesionales con elementos de cualificación personal de alumnado.
- Funcional. Toda programación debe basarse en el perfil profesional de la ocupación y estructurar los contenidos formativos que proporcionan las competencias de ésta.

2.2. Elementos de la programación

Antes de empezar cualquier programación formativa, es necesario tener en cuenta los datos obtenidos del análisis de la ocupación y del grupo al que se dirige la acción formativa. A partir de esta información, se determinan los elementos que van a conformar la programación.

Cuando se realiza la programación de un curso, hay que plantearse previamente las siguientes preguntas:

1. ¿Qué quiero conseguir con la formación?	**OBJETIVOS**
2. ¿Qué conocimientos deben asimilar los alumnos para alcanzar los objetivos propuestos?	**CONTENIDOS DEL CURSO**
3. ¿Cómo trabajamos en el aula? ¿Qué actividades son las que realizamos?	**MÉTODOS DE ENSEÑANZA**
4. ¿Cuánto tiempo tengo y cuánto dedico a cada módulo?	**TEMPORALIZACIÓN**
5. ¿Qué medios y recursos didácticos se necesitan para poder llevar a cabo esas actividades?	**MEDIOS Y RECURSOS DIDÁCTICOS**
6. ¿Cómo sabemos que se ha producido el aprendizaje?	**EVALUACIÓN**

3. Factores determinantes de la efectividad de la comunicación en el proceso de enseñanza-aprendizaje

En toda comunicación que se produzca en el proceso de enseñanza-aprendizaje, existen factores determinantes que obstaculizan o refuerzan este proceso.

3.1. Obstáculos de la comunicación

Relacionados con el emisor

- No expresar de forma clara qué mensaje se quiere transmitir.
- Comentar algo a lo largo de la explicación que no sea lo correcto y pueda resultar desagradable.
- Cambiar el tema de conversación.
- Desviarse del tema que se está tratando.
- No mirar al receptor cuando se quiere expresar algo.
- No estar atento a las señales que emite el receptor.
- Expresar alguna idea a través de los gestos que no se corresponda con la idea a comunicar.

Relacionados con el receptor

- No comprender las ideas que quiere expresar el emisor.
- No pedir explicación al emisor de aquella información que no le haya quedado clara.
- Interrumpir al emisor cuando está hablando.
- Captar algo diferente a lo que el emisor desea transmitir.

Relacionados con el mensaje

- Mensaje confuso.
- Mensaje muy corto.
- Mensaje muy extenso.
- Abuso de muletillas.
- Utilización de frases sin terminar.
- Dar "rodeos" para decir la idea principal.

Relacionados con el contexto

- No ser el momento adecuado para transmitir algo.
- No saber escoger el lugar oportuno.
- La presencia de ruidos y de interferencas.
- No pensar en las personas que están cerca.

Relacionados con el código

- No utilizar el mismo código que la persona con la que se habla o a la que se escucha.
- No adaptar el vocabulario a la situación o a la persona con la que se conversa.
- Utilizar el doble sentido.

3.2. Sugerencias para el mejor funcionamiento de la comunicación

Emisor

- Acostumbrarse a planificar la comunicación.
- Concretar visiblemente los objetivos.
- Buscar la retroalimentación en la comunicación.
- No tratar de impresionar al receptor.

Mensaje

- Que sea claramente entendido por el receptor.
- Que la terminología usada sea de referencia común.
- Que reclame la atención y el interés del alumnado.
- Que sea sencillo de interpretar.
- Que su contenido sea adecuado y convincente.
- Que produzca el máximo efecto posible.

Canal

- Que sea el más apropiado al grupo al que se dirige, al contenido del mensaje y al objetivo que persigue el formador.
- Que sea el que cause mayor impacto en el receptor.
- Que sea el más eficaz.
- Que sea el que mejor domine el formador.

4. La comunicación verbal y no verbal en el proceso instructivo

Los medios de comunicación pueden agruparse en dos grandes bloques: los **medios verbales,** que son aquellos que usan la lengua como código compartido; y los **medios no verbales,** que son los que se fundamentan en otros códigos simbólicos. A su vez, dentro de los medios verbales, están el medio escrito y el medio oral.

Cada uno de estos medios tiene sus ventajas y sus inconvenientes, por lo que la selección del medio deberá tener en cuenta las circunstancias y características que en cada caso presenta el comunicador, la audiencia y el mensaje que se ha de transmitir.

4.1. Los medios verbales

La comunicación verbal

La comunicación verbal se utiliza para comunicar ideas o dar información, opiniones, expresar o describir sentimientos, etc. Sirve de vehículo a los contenidos explícitos del mensaje. Para garantizar la efectividad de la comunicación, es necesario que el mensaje se presente de forma descriptiva y operativa, pero siempre teniendo muy en cuenta el código común del grupo al que va dirigida esta comunicación.

Un uso correcto del lenguaje oral ayuda a acercarse más a los alumnos. Los principales aspectos a considerar son los que aparecen a continuación.

Construcciones gramaticales

El objetivo será transmitir el mensaje de la manera más clara posible. Se deben evitar los giros rebuscados, la sintaxis complicada y las metáforas. En las explicaciones y conversaciones debe primar el contenido sobre la forma.

Vocabulario

Es importante saber qué palabras van a expresar mejor los conceptos que se desean transmitir y las que pueden ser comprendidas mejor por los alumnos. El análisis previo de los alumnos ayuda a saber qué términos técnicos se pueden utilizar sin problemas, cuáles se tienen que explicar y cuáles se deben evitar.

En general, siempre hay que mantenerse dentro de un lenguaje formal, evitando los vocablos demasiado coloquiales, las palabras extranjeras, las referencias académicas y expresiones de carácter religioso, político, deportivo o cultural, que pueden resultar agresivas para los alumnos.

Ejemplos

Los conceptos abstractos que pueden aparecer y que dificultan la adquisición de los contenidos, tienen que ser expresados mediante las explicaciones del formador, siempre apoyándose en la visualización.

La comunicación escrita

La comunicación escrita posee un carácter más veraz que la oral. La interacción que tiene lugar entre el emisor y el receptor no es inmediata, en algunas ocasiones no llega a producirse jamás. Este tipo de comunicación ofrece más oportunidades expresivas y mayor complejidad gramatical, sintáctica y léxica. También hay que tener en cuenta que a veces dificulta la expresión y/o puede no proporcionar *feedback* de manera inmediata.

4.2. Los medios no verbales

Al igual que las palabras, los elementos de la comunicación no verbal son signos que representan una idea (se excluyen todos los signos lingüísticos).

A diferencia de la comunicación verbal, su función no se centra sólo en la transmisión de contenido, sino que traspasa esa frontera para expresar también las emociones del emisor, controlar la interacción y proporcionar *feedback* del efecto que el mensaje produce en el receptor. Todas estas funciones son muy útiles para el formador, tanto en su tarea de transmisor de conocimientos como en la tarea de motivar y dirigir al grupo.

A continuación, se detallan las diferentes categorías en las que se agrupan los elementos de la comunicación no verbal.

Kinesia

Posturas

Una de las primeras cosas que el formador debe transmitir a sus alumnos es confianza y seguridad, lo que puede conseguirse a través de una postura erguida (sin llegar a ser arrogante), de pie, apoyándose sobre los dos pies y manteniendo la cabeza alta.

Esta postura es útil, especialmente durante la presentación del curso, porque ayuda a relajar el cuerpo, a facilitar la respiración y a controlar las muestras de nerviosismo, al tener un buen apoyo en el suelo.

A medida que avanza el curso, se pueden adoptar otras posturas que faciliten el descanso (apoyarse), el acercamiento (echar el cuerpo hacia delante) o que resten protagonismo (sentarse).

Gestos

Los gestos son un buen aliado del formador, excepto cuando éste se siente incómodo o nervioso. Gestos de carácter adaptador, como rascarse o colocarse la ropa, pueden delatar su estado emocional.

La mayoría de los gestos cumplen la función de reforzar el mensaje verbal (ilustradores), aunque existen otros cuya función es regular las intervenciones cuando se dirige una discusión de grupo.

Expresiones faciales

Las expresiones de la cara transmiten las emociones y permiten obtener fácilmente una respuesta del alumno.

Una expresión facial agradable, como una sonrisa no forzada, facilita la creación de un ambiente relajado en el aula. Una sonrisa puede ser muy útil también para romper la tensión que inevitablemente surge en algunas sesiones.

Mirada

La mirada, junto con la postura, es uno de los mejores métodos para transmitir confianza (en momentos de nerviosismo se tiende a apartar la vista) y para captar la atención de los alumnos.

Mientras el formador habla debe mantener la mirada sobre los alumnos la mayor parte del tiempo, mirándolos el tiempo suficiente como para que se sientan atendidos pero no incómodos. También se puede utilizar la mirada durante las discusiones de grupo, con una función reguladora de las distintas intervenciones.

Desplazamientos

Realizar desplazamientos en el aula capta la atención del alumnado, además de facilitar el contacto visual. Hay que procurar que no sean repetitivos o bruscos (pasear cerca de los alumnos), y cambiar de un recurso a otro (ir de la pizarra al retroproyector), etc.

Recuerde

Los recursos no verbales que estudia la Kinesia son:

I Posturas.
I Gestos.
I Expresiones faciales.
I Mirada.
I Desplazamientos.

Estos recursos pueden utilizarse tanto para reforzar lo que se expresa mediante la comunicación verbal como para sustituirlo.

Proxémica

El aspecto de la proxémica que más interesa es la proximidad física entre los individuos, ya que los alumnos pueden sentirse violentos si el formador se aproxima excesivamente a ellos o, por el contrario, verle distante si no se acerca.

Se debe prestar atención a este aspecto, tanto durante las intervenciones como al distribuir el espacio del aula que se va a emplear, evitando siempre que los asientos estén demasiado juntos o demasiado separados.

Paralingüística

Para captar la atención del público, los oradores suelen hacer uso de determinados aspectos como el tono de voz o las pausas, que en algunos casos pueden parecer exagerados.

El formador, aunque emplee el método de la lección magistral, no es un orador y, por tanto, no debe prestar especial atención a estos aspectos, excepto cuando le plantean algún problema, debido a la ansiedad, al cansancio o a un mal estado de salud. Practicar en voz alta y realizar grabaciones durante la fase de preparación puede ayudar a vencer estas dificultades.

Volumen

Aunque el aula sea pequeña, se tiene que realizar el esfuerzo de hablar lo suficientemente alto para que todos los alumnos oigan las explicaciones y, a la vez, transmitir confianza. En general, el volumen se ajustará instintivamente cuando se compruebe dónde se sitúa la persona que se encuentra más alejada.

Entonación

El problema más frecuente, especialmente si se está cansado, es la monotonía, que no contribuye a captar la atención ni a motivar a los alumnos.

El interés que el formador muestre por el tema y una correcta preparación le hará destacar los puntos clave y jugar con la entonación de una forma adecuada a lo largo de toda la exposición.

Pronunciación

Los problemas se presentan especialmente cuando se está nervioso o se habla demasiado rápido. Se debe hacer un esfuerzo por articular todas las palabras de manera limpia y clara, abriendo la boca lo suficiente para pronunciar correctamente las sílabas, consonantes y vocales.

Velocidad

Una velocidad correcta puede ayudar a resolver problemas de pronunciación y de entonación. Se debe hablar a una velocidad normal o algo superior, para facilitar el mantenimiento de la atención. No obstante, si se está nervioso, se puede hablar con mayor lentitud para facilitar la respiración y relajarse. También se debe reducir la velocidad cuando se expliquen conceptos técnicos complejos o cuando se espere alguna respuesta por parte de los alumnos.

Recuerde

Los elementos que trata la Paralingüística son:

I El volumen.
I La entonación.
I La pronunciación.
I La velocidad.

Proyección física

Existen determinados factores que, sin que la persona diga ni haga nada, transmiten información y hacen referencia a la imagen física que esta persona proyecta.

Es fundamental que el formador transmita una imagen positiva para los alumnos. Se debe cuidar el aspecto externo y los artefactos que se usen, como los adornos y prendas de vestir. La manera adecuada de vestir depende de la situación y siempre debe estar en consonancia con lo que cada colectivo de alumnos espera del formador.

Ejemplo

Sería negativo vestir pieles para impartir un curso cuyo objetivo fuese desarrollar actitudes positivas hacia la protección del medio ambiente.

En cualquier caso, se debe llevar ropa que resulte cómoda, bien cuidada y no demasiado llamativa. A los adornos y al peinado se aplican las mismas reglas que al vestido.

Importante

Un objetivo fundamental del formador es dirigir la atención de los alumnos hacia el contenido que está desarrollando, nunca hacia su persona.

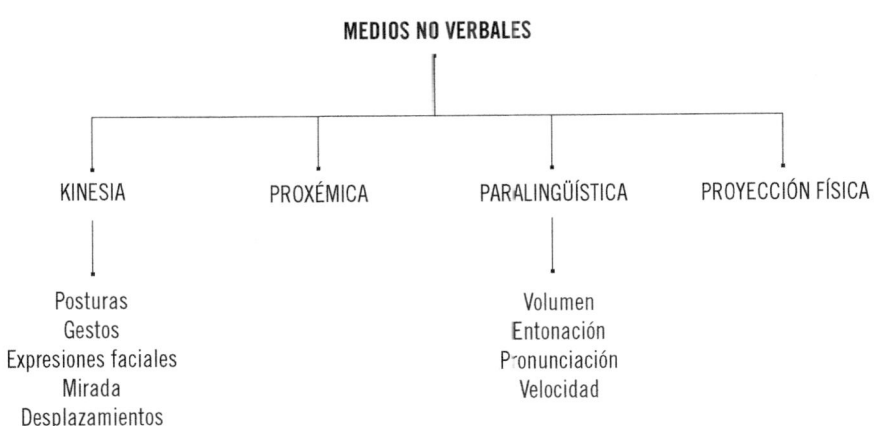

Finalmente, conviene recordar que si el formador observa atentamente la comunicación no verbal que expresan los alumnos, obtendrá una gran cantidad de información.

Hay numerosos signos no verbales que puede mostrar el alumno:

- **Atención:** posturas del cuerpo (inclinado hacia delante, hacia atrás...).
- **Necesidad de hablar:** movimientos sutiles de la boca, de la mano, etc.
- **Irritación:** movimiento de pies, manipulación de objetos sobre la mesa, etc.

- **Concentración:** tomar apuntes, mirar al docente, etc.
- **Cansancio:** cuerpo hundido, suspiros, etc.
- **Inercia:** silencios de todo el grupo, etc.
- **Desinterés:** cerrar el cuaderno, bostezar, mirar al vacío, etc.
- **Sorpresa:** levantar los brazos, abrir la boca, levantar las cejas, abrir los ojos, etc.

Si se observan estos elementos de forma atenta, se podrá obtener información sobre la comprensión del mensaje y el estado emocional de los alumnos, lo que será de gran utilidad para el formador durante el curso.

La comunicación no verbal aporta información al formador sobre los alumnos

5. Técnicas de secuenciación de contenidos

Una vez seleccionados los contenidos, hay que ordenarlos secuencialmente. La **secuenciación y estructuración de los contenidos** es el proceso que permite situarlos en una configuración que produce el máximo aprendizaje en el mínimo tiempo posible.

Algunas de las técnicas para la secuenciación de contenidos son las siguientes:

- Que los contenidos estén de acuerdo con los objetivos propuestos y con los plazos previstos para conseguirlos.

- Empezar por los contenidos más próximos y significativos para el alumno, para llegar poco a poco a lo desconocido. De esta manera, resultará más fácil introducir los nuevos contenidos.
- Ir de lo inmediato a lo remoto.
- Ir de lo concreto a lo abstracto.
- Ir de lo más fácil a lo más difícil. Esto motiva al alumnado porque le va mostrando los avances de manera rápica.

Las principales ventajas que este proceso conlleva son:

- Ayuda al participante a pasar de un conocimiento o habilidad a otro.
- Garantiza que los conocimientos y habilidades previas son alcanzados antes de introducir elementos nuevos.
- Reduce el tiempo de formación.
- Evita la confusión y los fallos er el participante.

Estos puntos son los principales aspectos a tener en cuenta cuando se realiza la presente fase de la programación de la formación, es decir, cuando se fijan los contenidos de la formación.

6. La selección y planificación de estrategias didácticas

Las personas que realizan un curso de formación son diversas, por ello es muy importante que las estrategias d dácticas se adapten, de la mejor forma posible, al contexto y permitan una flexibilidad.

 Definición

Estrategias didácticas
Son procedimientos que el formador emplea para facilitar el aprendizaje, con la intención de que éste sea significativo.

Tras la selección y estructuración de contenidos, llega el momento de decidir la modalidad de formación a seguir y la metodología a utilizar en su impartición. Pero esta decisión no se puede tomar arbitrariamente, sino que ha de basarse en unos criterios. Los criterios de decisión básicos para determinar qué estrategia y qué método de formación es el adecuado, son:

- La compatibilidad con los objetivos.
- Los principios generales del aprendizaje del adulto: individualización, motivación, utilidad, practicidad, intereses, etc.
- Los principios de rigor, realismo y participación.
- El carácter eminentemente aplicativo de los aprendizajes.
- La posibilidad de transferir los aprendizajes al puesto de trabajo.
- Los recursos disponibles, incluido el tiempo.
- Los factores relacionados con los participantes, como el estilo de aprendizaje, la edad, el tamaño del grupo, la motivación, etc.

Una vez escogido el método, se observa que ninguno es químicamente puro, sino que unos participan de otros. Por lo demás, todo método puede ser adecuado o inadecuado dependiendo del modo en que sea empleado.

Los formadores deben utilizar los métodos flexiblemente, de la forma que mejor se adapten al estilo de formación, a la materia y a los alumnos, complementando cada método con la técnica y recurso didáctico más acorde.

7. La selección y planificación de medios y recursos didácticos

Para realizar cualquier acción formativa, hace falta algo más que elegir y aplicar unos métodos y unas técnicas. Son necesarios los medios y recursos didácticos, que van a ayudar a desarrollar la metodología seleccionada en el aula. Los medios y recursos didácticos permiten el trasvase de información formador-alumno.

 Definición

Medios didácticos
Son materiales elaborados para facilitar los procesos de enseñanza-aprendizaje.

Recursos didácticos
Son soportes mediante los cuales se presentan los contenidos del curso a los alumnos.

A la hora de escoger el medio o recurso a utilizar, se deben tener en cuenta los siguientes criterios:

- **Características de la materia o tema.** Dependiendo de la naturaleza de los contenidos, éstos pueden ser transmitidos por unos u otros métodos.
- **Los objetivos del curso.** Toda selección de medios y estrategias de enseñanza deben realizarse en función de éstos.
- **La disposición del aula y el número de alumnos.** Hay que tener cuidado, sobre todo en la visibilidad de alguno de los recursos, porque pueden perder eficacia.
- **Tiempo disponible para la formación.** Este elemento tiene que estar siempre presente, porque, en función del tiempo que se tenga, se elegirá lo que se adapte mejor a las necesidades.
- **Recursos disponibles,** ya que en algunas ocasiones están a nuestro alcance.
- **El uso que se haga de ellos,** cuál es la finalidad, qué es lo que se pretende y en qué momento se van a utilizar.
- **El nivel de conocimiento de los alumnos** sobre el tema.

Todos estos puntos se han de tener en cuenta a la hora de escoger un medio o recurso didáctico. La finalidad de éstos no es otra que la de fundamentar, apoyar y reforzar el acto formativo.

8. La planificación de la evaluación del proceso de enseñanza-aprendizaje

La aplicación de programas de formación lleva a la obtención de unos determinados resultados. Éstos serán los frutos de la formación y mostrarán el grado de eficacia y eficiencia con que se lleva a cabo la función formativa.

Los resultados indican el éxito de la formación mediante su contraste con los objetivos fijados anteriormente. Este procedimiento recibe el nombre de **evaluación,** proceso ampliamente conocido y con trascendencia reconocida para la formación. Según el proceso de evaluación aplicado, los resultados obtenidos serán reales y fiables, o bien, falseados.

Para que los resultados de la evaluación muestren con certeza el grado de éxito alcanzado con la formación, es necesario un requisito previo: el establecimiento de criterios de evaluación durante el proceso de planificación de la formación. Los criterios actúan como puntos de referencia, a partir de los cuales se valoran los resultados obtenidos.

Los criterios de evaluación han de fijarse con mucha atención, ya que determinan el proceso de evaluación, y éste juzga el grado de éxito de la función formativa.

El primer aspecto a tener en cuenta es la validez: los criterios de evaluación han de ser válidos en relación a los elementos del proceso formativo.

Los aspectos que determinan el grado de validez de los criterios de evaluación son:

- La relevancia.
- La no deficiencia.
- La no contaminación.
- Su fiabilidad.

El establecimiento de criterios válidos y fiables permitirá elaborar un proceso de evaluación de la formación que mida rigurosamente la eficacia y la eficiencia de la función formativa.

9. El seguimiento formativo

El seguimiento es un proceso continuo que sirve para evaluar la eficacia del uso de los recursos y para saber qué iniciativas se pueden emprender para mejorar el aprovechamiento de los recursos formativos.

El seguimiento, además de realizarse después de haber finalizado la planificación formativa, también se realiza antes de la acción.

9.1. Características

El seguimiento formativo permite evaluar los distintos componentes (desde los alumnos hasta todos los elementos que forman la programación) que intervienen en él durante todo el proceso de formación.

El seguimiento formativo se diferencia de la evaluación en que éste tiene que ver más con tareas organizativas, de coordinación, administrativas, etc.; sin embargo, la evaluación valora aspectos de los procesos de formación, como pueden ser la comunicación, el aprendizaje de los nuevos conocimientos, etc.

Con la realización adecuada de un seguimiento formativo:

- Se pueden **descubrir errores o desajustes** en el proceso de enseñanza-aprendizaje antes de que se realice la evaluación final para comprobarlos.
- Se pueden **corregir los errores** en el momento en el que se están produciendo.
- Además, **se detectan los aspectos positivos** que tienen lugar a lo largo de todo el proceso y las **posibles mejoras** que se pueden realizar.

El seguimiento formativo tiene que ser realizado por todas las personas que están implicadas en la realización de los cursos de formación (tutores, coordinadores, técnicos, etc.), por ello, el formador es una figura importante en el proceso de formación, ya que se encuentra implicado en él.

El proceso de formación debe estar planificado, pensado y planteado antes de que empiece la acción de formación, nunca debe llevarse a cabo de manera cerrada, sino que tiene que estar abierto a cualquier cambio que se considere necesario.

9.2. Finalidad

Son varias las finalidades que persigue el seguimiento formativo:

- Ayudar a comprender por qué ocurren algunas cosas y qué se puede hacer para intervenir en ese proceso que se está llevando a cabo.
- Identificar y solucionar los problemas que surgen a lo largo del proceso.
- Contribuir para elaborar planes de formación de manera objetiva, sin desviarse de la finalidad éste.
- Colaborar en la disminución y control del uso de los recursos materiales.
- Determinar el nivel que puede alcanzar el rendimiento y relacionarlo con el rendimiento actual.
- Diagnosticar y detectar problemas para llevar a cabo las acciones correctivas pertinentes.

9.3. Planificación

El seguimiento formativo debe planificarse antes y durante la acción formativa.

El objetivo de este seguimiento es comprobar la eficacia de la acción formativa antes de que ésta llegue a su fin, es decir, es necesario que durante este proceso todos los elementos que van a formar parte del aprendizaje estén planificados.

Los dos momentos que hay que tener en cuenta para planificar el seguimiento formativo son:

- **Antes de la acción formativa:** es necesario conocer las necesidades, el perfil del alumno, qué materiales, instrumentos, recursos, medios didácticos se van a usar.

■ **Durante la acción formativa:** aquí el seguimiento se utiliza para comprobar los posibles errores y mejoras que se pueden llevar a cabo. Ofrece la posibilidad de poder modificar aquellas acciones o medios que dificultan el avance del aprendizaje.

10. Instrumentos para el seguimiento

A lo largo de un ciclo formativo pueden suceder errores y surgir problemas, esto abarca desde la identificación de necesidades hasta la planificación, el diseño, la implantación y la evaluación Por todo esto, es importante saber cuál es la causa del problema y saber tomar las medidas oportunas para que no se origine nuevamente.

Para detectar el origen del problema, siempre se necesita una información determinada, ésta sólo se puede obtener mediante técnicas que ayuden a obtenerlas, es decir, que permitan recabar y analizar los datos obtenidos.

Para el seguimiento del proceso de enseñanza-aprendizaje, se pueden confeccionar diferentes tipos de instrumentos de evaluación, como pueden ser los cuestionarios y utilizar la observación directa, etc., si el tipo de formación lo permite (presencial o semipresencial). Estos instrumentos variarán según el tipo de datos que se quiera conseguir.

Un ejemplo de plantilla para recoger y analizar la información podría ser esta:

CURSO:		1º Módulo	2º Módulo	3ºMódulo
	Suficiente			
Objetivos del módulo	Insuficiente			
	Adecuado			
	Inadecuado			

Continúa en página siguiente >>

<< Viene de página anterior

CURSO:		1° Módulo	2° Módulo	3°Módulo
Contenidos del módulo	Suficiente			
	Insuficiente			
	Adecuado			
	Inadecuado			
Metodología	Suficiente			
	Insuficiente			
	Adecuado			
	Inadecuado			
Actividades y recursos	Suficiente			
	Insuficiente			
	Adecuado			
	Inadecuado			
Recursos materiales	Suficiente			
	Insuficiente			
	Adecuado			
	Inadecuado			
Recursos humanos	Suficiente			
	Insuficiente			
	Adecuado			
	Inadecuado			
Proceso de evaluación	Suficiente			
	Insuficiente			
	Adecuado			
	Inadecuado			
Nivel de satisfacción del alumnado	Suficiente			
	Insuficiente			
	Adecuado			
	Inadecuado			

Para el seguimiento del aprendizaje, como la información que se obtiene es de diferente índole, se recogerá mediante la aplicación de las técnicas seleccionadas y elaboradas para la evaluación de cada uno de los aspectos planteados (observación directa de los trabajos, participación, cuestionarios acerca de la motivación y satisfacción del alumnado, etc.).

Por ejemplo, los contenidos que se podrían incluir en la "parrilla" de análisis son los siguientes:

CURSO		1er Módulo	2º Módulo	3er Módulo
Conceptos (comprende los contenidos conceptuales)	Con facilidad			
	Con normalidad			
	Con dificultad			
Procedimientos (aplica y desarrolla los contenidos procedimentales)	Con facilidad			
	Con normalidad			
	Con dificultad			
Actitudes (manifiesta las actitudes adecuadas a los contenidos)	Con facilidad			
	Con normalidad			
	Con dificultad			
Motivación y participación	Con facilidad			
	Con normalidad			
	Con dificultad			
Satisfacción del alumno	Con facilidad			
	Con normalidad			
	Con dificultad			

Dos de las herramientas básicas son:

- **Los diagramas de flujo:** éstos sirven para desglosar en forma de componentes, para presentar una clara imagen de lo que ocurre.
- **Los checklists:** éstos son especialmente útiles para garantizar que se han realizado todas las acciones necesarias. Es otro método de ayuda orientado a los formadores y participantes para preparar, utilizar y solucionar los problemas del equipamiento.

Otros métodos de seguimiento y control que pueden ayudar en la formación son:

- Las reuniones formales e informales.
- Pasar un informe de las sesiones, cuestionarios de satisfacción o formularios de evaluación del curso.
- Entrevistas de evaluación.

 **Recuerde**

Algunos de los instrumentos de seguimiento más utilizados son:

I Cuestionario de satisfacción
I Cuestionario de motivación
I Observación directa
I Reuniones formales e informales
I Entrevistas de evaluación

11. Metodología de la evaluación del diseño de formación

Los métodos empleados en la evaluación siempre suelen son los mismos, independientemente de que se evalúen los objetivos, los contenidos, los recursos, etc. A pesar de esto, hay que tener en cuenta que no se deben utilizar todos los métodos que se van a nombrar, sino que todo dependerá de lo que se esté evaluando.

Los métodos más frecuentes son:

- Observación sistemática.
- Observación mediante observadores externos o internos del grupo.
- Análisis de trabajo.
- Entrevistas personales.
- Situaciones de simulaciones.

- Diálogos, debates.
- Cuestionarios específicos.
- Inventarios.
- Grabaciones en vídeo.
- Etc.

11.1. Evaluación de los objetivos

Cuando se diseña el programa formativo, se deben concretar los objetivos que serán objeto de evaluación al finalizar el curso, para comprobar si éstos se han alcanzado o no.

Los objetivos marcan aquellos aspectos claves que debe adquirir el alumno para alcanzar unas competencias determinadas. Éstos determinarán lo que el alumno será capaz de saber y saber hacer al acabar el curso, en unas condiciones dadas y con unos medios determinados.

Si, al finalizar el curso, se observa que los objetivos no se han cumplido en su totalidad, hay que analizar cuál ha sido la causa de este error y corregirlos. Si se han cumplido los objetivos, habrá que determinar los motivos de éxito, para volver a ponerlos en práctica en futuros cursos.

Los objetivos marcados al inicio de la formación sirven para:

- Dirigir la formación, es decir, saber hacia dónde se quiere llegar con ésta.
- Comprobar qué se ha logrado.
- Facilitar la evaluación, ya que se sabe cuáles son los objetivos que hay que evaluar.
- Reorientar la formación en el mismo momento que se está realizando.
- Elegir los métodos más adecuados para la formación.

La evaluación de los objetivos debe medirse atendiendo a:

- **Objetivos generales:** son utilizados para saber cuáles son las competencias generales.
- **Objetivos específicos:** parten de los objetivos generales.

■ **Objetivos operativos:** son derivados de los específicos. Son objetivos más concretos y siempre deben estar relacionados con actividades u operaciones determinadas. Son los más fáciles de medir.

 **Ejemplo**

Objetivos específicos para evaluar un curso de primeros auxilios:

I Aprender los conceptos básicos y generales de los primeros auxilios.
I Adquirir las habilidades y aplicar los principios de actuación para poder reaccionar adecuadamente en situaciones de urgencia.
I Conocer los aspectos jurídicos relacionados.

11.2. Evaluación de los contenidos

La evaluación de los contenidos se realizará para comprobar si los objetivos que se habían marcado al principio de la formación se han logrado, así como para eliminar aquellos contenidos que no aportan nada al curso.

Se debe tener siempre en cuenta que se puede lograr un mismo objetivo de formación utilizando diversos contenidos.

Para evaluar los contenidos, hay que comprobar si se ha seguido una secuencia lógica a la hora de impartirlos. Esta secuencia permite que los contenidos sean adquiridos por los alumnos de una manera más significativa, es decir, facilita el aprendizaje de los mismos.

Para que la evaluación de los contenidos resulte positiva, éstos deben ir expuestos:

■ De acuerdo con los objetivos propuestos y con los plazos previstos para conseguirlos.
■ De lo conocido a lo desconocido.

- De lo inmediato a lo remoto.
- De lo concreto a lo abstracto.
- De lo fácil a lo difícil.

Otro aspecto a tener en cuenta para que la evaluación de los contenidos sea positiva, es que éstos se deben estructurar adecuadamente, por ejemplo, mediante módulos, unidades didácticas, etc. Éstas tienen que abarcar los conocimientos, las habilidades y las actitudes que capacitan al alumno para poner en práctica las funciones que desempeñará en su puesto de trabajo. Por lo general, se pueden constituir equivalencias entre objetivos generales y cursos, objetivos específicos y módulos, unidades didácticas, etc. así como entre objetivos operativos y sesión formativa..

 Ejemplo

Siguiendo el ejemplo anterior de primeros auxilios, los contenidos que se evaluarán para comprobar si se han logrado o no los objetivos anteriormente propuestos, son:

I Primeros auxilios: conceptos generales.
I Soporte vital básico (reanimación cardio-pulmonar)-adultos.
I Soporte vital básico-niños.
I Soporte vital instrumental.
I Traumatismos osteoarticulares. Inmovilizaciones (vendajes y férulas improvisadas).
I Movilización de urgencia y posiciones de espera.
I Traumatismos craneales y vertebro-medulares.
I Otras situaciones de emergencia.

11.3. Evaluación de la metodología

La evaluación de la metodología consiste en comprobar que los métodos que se han utilizado son los adecuados para lograr los objetivos formativos, aunque éstos deben ser flexibles a la hora de utilizarlos, ya que deben adaptarse a la materia tratada, a los alumnos, a los recursos disponibles, etc.

Para conseguir que la evaluación de la metodología sea positiva, se deben tener en cuenta las características que se emplean para definir un método. Éstas pueden ser:

- Presentar y mostrar la problemática del tema para que, a través de la reflexión y el esfuerzo, el alumno pueda resolverla.
- Respetar tanto la libertad de expresión como de creación.
- Las actividades que están destinadas al alumno tienen que ser dirigidas por el formador para que el alumno reflexione y participe.
- Motivar al alumno, relacionando los temas con sus intereses, motivaciones y necesidades.
- Organizar los nuevos aprendizajes para que se integren con los ya adquiridos.
- Tener en cuenta las limitaciones y las posibilidades que tiene cada alumno.
- Dar lugar a la acción individualizada a través de tareas que requieran planteamientos y acciones individualizadas.

11.4. Evaluación de actividades y recursos

Las **actividades** son unos elementos que acompañan a los contenidos formativos, ya que éstas refuerzan los contenidos que son expuestos por el formador. Siempre debe existir coordinación entre ambos, para esto se deben seleccionar adecuadamente tanto los métodos como las técnicas.

Para evaluar las diversas actividades que se han desarrollado, hay que formular una serie de preguntas para saber si las actividades han sido eficaces o han fallado en su ejecución. Algunas de estas preguntas pueden ser:

- ¿Qué ha hecho el alumno?
- ¿Ha sabido aplicar los conocimientos necesarios para lograr resolver las actividades?
- ¿Valora y comprende la finalidad de la actividad?
- ¿Ha mostrado interés en la realización de la misma?
- ¿Qué ha aprendido?
- ¿Han sido válidas las actividades?

- ¿Cuáles han fallado? ¿Por qué?
- ¿Se han alcanzado los objetivos?
- Etc.

Junto con las actividades, los recursos también tienen que ser evaluados, ya que de ellos va a depender en cierta manera la eficacia de las actividades. Por eso, en la evaluación de los recursos hay que tener en cuenta la eficacia de aquellos que se han utilizado y cuáles son los que se hubieran necesitado para desarrollar el curso.

Se pueden distinguir varios criterios para evaluar la eficacia de los recursos:

- Su calidad, porque actúa como mediador entre la realidad y la estructura cognitiva del alumno.
- El contexto metodológico, ya que todo va a depender de la metodología usada por el formador.
- Los propios alumnos, sus motivaciones, intereses, etc.
- La experiencia del formador en el manejo de los diversos recursos, sus habilidades, etc.

También es necesario tener en cuenta qué evaluar de los recursos:

- La rentabilidad de éstos.
- El aprovechamiento para distintas finalidades.
- El mantenimiento.
- La actualización, deben adaptarse a las nuevas tecnologías.
- La adecuación al proceso de enseñanza-aprendizaje.
- Posibilitar la acción, estimular y responder a las curiosidades presentes en el alumnado.

11.5. Evaluación del formador

La figura del formador es muy importante a lo largo de todo el proceso formativo, ya que, en cierta manera, el éxito o el fracaso de la formación recae sobre él, por lo tanto, es imprescindible conocer previamente a la persona que va a impartir un curso.

El formador es el mediador entre los contenidos y los alumnos, por lo que debe evaluarse de forma continua y a lo largo de todo el proceso de enseñanza-aprendizaje, así como al final del proceso, momento en que se comprobará si los métodos y estrategias que ha diseñado y utilizado han sido los adecuados, introduciendo posibles modificaciones para las prácticas futuras.

La evaluación del formador se puede realizar desde varias vertientes, en cada una de ellas se evalúan aspectos diferentes, pero todas persiguen el mismo fin, que es fomentar la calidad de la formación.

Evaluación realizada por los alumnos

Los alumnos pueden evaluar aspectos como la relación del formador con los alumnos, la organización de las sesiones, el control de clase, la efectividad de la enseñanza, etc.

En la siguiente tabla se muestra un cuestionario a modo de ejemplo:

Marque la opción que más se adecúe a las características que prevalecieron a lo largo del curso

---

1. Las oportunidades que tuve para realizar preguntas en clase fueron:
   a. Frecuentes
   b. Regulares
   c. Escasas
   d. Muy escasas

---

2. El interés que mostró el formador respecto a los alumnos fue:
   a. Satisfactorio
   b. Regular
   c. Poco
   d. Muy pobre

---

3. El clima existente en el aula fue:
   a. Bueno
   b. Regular
   c. Tenso
   d. Malo

Continúa en página siguiente >>

<< Viene de página anterior

Marque la opción que más se adecúe a las características que prevalecieron a lo largo del curso

4. En la prueba final se evaluaban los contenidos dados a lo largo del curso:
   a. Sí
   b. No

5. El material presentado en el curso fue:
   a. Original
   b. Poco original
   c. Nada original

6. Las actividades que realicé para asimilar los contenidos fueron:
   a. Útiles
   b. Regulares
   c. Pobres
   d. Inútiles

7. El contenido marcado para el curso se expuso en su totalidad:
   a. Sí
   b. No

8. El grupo de alumnos afectó a mi aprendizaje:
   a. De manera positiva
   b. De manera negativa
   c. No me afectó

9. El material audiovisual me pareció:
   a. Atractivo
   b. Regular
   c. Inadecuado

10. Los procesos, problemas y soluciones experimentados en el trabajo en grupo fueron:
    a. Bien planteados
    b. Regular planteados
    c. Mal planteados

11. Las exposiciones por parte del docente me parecieron:
    a. Buenas
    b. Regulares
    c. Malas

Continúa en página siguiente >>

<< Viene de página anterior

Marque la opción que más se adecúe a las características que prevalecieron a lo largo del curso

12. La actuación del profesor durante el curso evidenció:
    a. Un elevado conocimiento de la materia
    b. Un mediano conocimiento
    c. Un escaso conocimiento

13. El profesor supo controlar las conductas perturbadoras sucedidas a lo largo del curso de forma:
    a. Eficaz
    b. Regular
    c. Ineficaz

14. El ritmo que siguió el profesor al exponer los contenidos me pareció:
    a. Muy bueno
    b. Satisfactorio
    c. Monótono

15. La secuencia de presentación de los contenidos del curso fue:
    a. Lógica
    b. Regular
    c. Arbitraria

16. La actuación del profesor despertó interés y motivación:
    a. Muchas veces
    b. Algunas veces
    c. Pocas veces
    d. Ninguna vez

Evaluación realizada por el propio formador

En esta evaluación, el formador va a evaluar la preparación del curso, el desarrollo del mismo, y también realizará una evaluación propia de su actuación como formador.

En la siguiente tabla se muestra un cuestionario a modo de ejemplo:

Marque la opción que más se adecúe a las características que prevalecieron a lo largo del curso

A. PREPARACIÓN DEL CURSO

1. ¿Cómo ha sido el tiempo con el que ha contado?
    a. Suficiente
    b. Insuficiente

¿Por qué? _____

2. ¿Cómo considera la distribución de las sesiones del curso?
    a. Adecuadas
    b. Inadecuadas

¿Por qué? _____

3. ¿Ha dispuesto de las guías didácticas del curso?
    a. Sí
    b. No

¿Por qué? _____

4. ¿Ha dispuesto de los recursos necesarios para la preparación de sus sesiones?
    a. Sí
    b. No

¿Cuáles le han hecho falta? _____

5. Teniendo en cuenta su nivel de formación, ¿ha necesitado apoyo por parte de la dirección del curso?
    a. Sí
    b. No

¿Cómo ha sido el apoyo? _____

B. DESARROLLO DEL CURSO

6. ¿El desarrollo de las sesiones (distribución y tiempo) se ha correspondido con la planificación prevista?
    a. Sí
    b. No

7. ¿La metodología utilizada para el desarrollo de las sesiones ha propiciado la participación e implicación del alumnado?
    a. Sí
    b. No

¿Por qué? _____

Continúa en página siguiente >>

<< Viene de página anterior

Marque la opción que más se adecúe a las características que prevalecieron a lo largo de curso

---

8. ¿Considera que el clima del curso ha sido el adecuado?
   a. Sí
   b. No

¿Por qué? _____

9. ¿El contexto donde se ha desarrollado el curso ha sido adecuado y oportuno?
   a. Sí
   b. No

¿Por qué? _____

10. ¿Ha conseguido los objetivos propuestos?
    a. Sí
    b. No

¿Por qué? _____

C. AUTOEVALUACIÓN

---

11. Evalúe de 1 a 4 los siguientes apartados relacionados con su intervención como formador, donde:

    1. Considero imprescindible mejorar mi formación en este aspecto.
    2. Considero necesario mejorar mi formación en este aspecto.
    3. Cuento con recursos necesarios para el desarrollo ajustado del curso, pero podría encontrar dificultades si éste cambia el rumbo prefijado.
    4. Mi formación al respecto es adecuada y dispongo de recursos suficientes para el desarrollo óptimo del curso.

	1	2	3	4
Dominio de los contenidos				
Metodología/didáctica empleada				
Comunicación con el alumnado				
Trabajo en equipo				

D. AMPLIACIÓN

Puede anotar a continuación cualquier aportación que desee realizar y no haya sido considerada en este cuestionario.

_____

_____

11.6. Tipos de evaluación

Existen diferentes tipos de evaluación, cada una se aplicará atendiendo a diferentes criterios.

Según su finalidad o función de la evaluación

Diagnóstica

Esta evaluación, como su nombre indica, tiene un carácter diagnóstico, ya que permite que se conozcan las potencialidades del alumno. De esta manera, la actividad didáctica se dirige de forma más efectiva.

Formativa

Se utiliza como estrategia para mejorar y ajustar los procesos formativos en el momento que se están llevando a cabo, para alcanzar las metas y los objetivos marcados. La evaluación formativa es aplicable a la evaluación de procesos.

Sumativa

Se aplica a la evaluación de productos terminados, es decir, se sitúa concretamente cuando finaliza un proceso, cuando éste se considera acabado. Su propósito es determinar el grado en que se han conseguido los objetivos establecidos, para evaluar de forma positiva o negativa el resultado. Esta evaluación permite tomar medidas tanto a medio como a largo plazo.

Según el momento de aplicación de la evaluación

Inicial

Se produce al principio del proceso de enseñanza-aprendizaje. La función que tiene la evaluación inicial es identificar el nivel de conocimientos que tienen los alumnos que inician un curso y, de esta manera, comprobar si los alumnos cuentan con los conocimientos necesarios para comenzarlo, y determinar si es posible impartirlo de acuerdo al programa formativo o si se requiere alguna modificación.

Procesual

La evaluación procesual se basa en valorar, de forma continua, el aprendizaje de los alumnos y la enseñanza del profesor, a través de la recogida sistemática de datos, toma de decisiones, etc.

La evaluación procesual es totalmente formativa, ya que, al favorecer la recogida continua de datos, permite tomar decisiones en el mismo momento que se considere necesario.

Los resultados que se obtienen forman la base permanente para el formador a la hora de programar las actividades diarias, así como para establecer las actividades y los procedimientos más apropiados. De esta manera, se evitan las dificultades que se puedan producir en los aprendizajes que se están llevando a cabo. La finalidad de todo esto es evitar errores y vacíos en los aprendizajes posteriores.

Final

La evaluación final es aquella que se realiza al finalizar la formación, por lo tanto ésta recoge y valora los resultados obtenidos a lo largo de un periodo formativo.

Según su extensión

Global

Tiene en cuenta todos los elementos y procesos que guardan relación con todo lo que es objeto de evaluación. Por ejemplo, si se trata de evaluar el proceso de aprendizaje de los alumnos, esta evaluación se centra en todas las áreas en general, pero sobre todo en los diversos tipos de contenidos de enseñanza (conceptos, procedimientos, valores, normas, etc.).

Parcial

Esta evaluación no se realiza de manera global, sino que se lleva a cabo por partes, es decir, evalúa los componentes que más interesan.

Según los agentes que realizan la evaluación

Autoevaluación o evaluación interna

Es el proceso sistemático mediante el cual una persona o grupo examina y valora sus procedimientos, comportamientos y resultados, para identificar qué quiere corregir o modificar en él. La evaluación interna muestra que los alumnos están más motivados a la hora de realizar una tarea difícil. La puesta en práctica de la autoevaluación no conlleva que el profesorado abandone sus funciones, sino que implica una concepción diferente de la enseñanza.

La autoevaluación ofrece al estudiante ayuda para descubrir sus necesidades, cantidad y calidad de su aprendizaje, causas de sus problemas, dificultades y éxitos en el estudio. De esta manera, el alumno puede conocerse de manera más concreta.

Heteroevaluación o evaluación externa

La evaluación externa es realizada o llevada a cabo por otra persona que no es el protagonista del aprendizaje. En esta evaluación, lo más frecuente es que el profesor evalúe al alumno.

TIPOS DE EVALUACIÓN	
Según su finalidad o función	- Diagnóstica - Formativa - Sumativa

Continúa en página siguiente >>

<< Viene de página anterior

TIPOS DE EVALUACIÓN	
Según su momento de aplicación	- Inicial - Procesual - Final
Según su extensión	- Global - Parcial
Según los agentes que la realizan	- Autoevaluación o evaluación interna - Heteroevaluación o evaluación externa

Bloque 2
Solucionarios de ejercicios de repaso y autoevaluación

Contenido

Análisis del mercado de productos de comunicaciones

Solucionario Capítulo 1

1. ¿Cuál de los siguientes organismos de estandarización nació bajo la finalidad de facilitar el intercambio de bienes y servicios?

    a. IETF.
    b. ITU.
    c. ISO.
    d. Todas las opciones son incorrectas.

2. ¿Qué nombre recibe cada tipo de datos encapsulados en las capas de la primera a la cuarta del modelo TCP/IP? ¿A qué capas corresponden?

    ▌ Mensaje, segmento, datagrama y trama.
    ▌ Capa 4 Mensaje.
    ▌ Capa 3 Transporte.
    ▌ Capa 2 Datagrama.
    ▌ Capa 1 Trama.

3. Las redes de comunicaciones se clasifican habitualmente por...

    a. ... su tamaño.
    b. ... su autenticación.
    c. ... el tipo de conexión.
    d. ... su servicio y función.

4. Cuando se habla del estándar ICT, ¿en qué trata de convertir un departamento TIC?

El estándar TIC trata de convertir un departamento de tecnologías de la información en un negocio.

5. ¿Sobre qué tipo de red se suele arrendar el servicio de tránsito? ¿Qué distancia suelen tener este tipo de redes?

Redes de área metropolitana: los propietarios suelen ser los proveedores de telecomunicaciones (ISP), los cuales arriendan el servicio de tránsito a través de estas redes. Separadas por varios kilómetros (decenas de kilómetros).

6. Indique si las siguientes afirmaciones son verdaderas o falsas.

a. Las telecomunicaciones tienen como cometido transmitir información.

☑ **Verdadero**
☐ Falso

b. Hay que procesar la información para que contenga errores.

☐ Verdadero
☑ **Falso**

c. El único cometido de las telecomunicaciones es transmitir información y encaminar los datos de forma eficiente.

☐ Verdadero
☑ **Falso**

7. Indique el nombre de las dos subcapas de la capa de enlace de datos de la pila OSI.

a. LAN y MAC.
b. MAC Y LLC.
c. TCP y UDP.
d. Todas las opciones son correctas.

8. ¿Qué funciones se generan en la capa 3 o capa de red?

I Proveer un control de congestión.
I Dividir los segmentos, también llamados mensajes, de la capa de transporte en paquetes.
I Enviar los paquetes de nodo a nodo a través de un circuito o como datagramas.
I Enrutar dichos paquetes.

9. ¿Quiénes suelen desplegar redes de área extensa?

Las redes de área extensa suelen estar desplegadas por proveedores de internet, empresas, etc.

10. Complete el siguiente texto.

En cada capa los datos van a incluir una serie de datos agregándoles información. Este sistema se llama **encabezado**, y la información que se añade es para garantizar la **transmisión**, cambiando en cada **capa**, ya que se le agregará un nuevo encabezado.

11. Indique el nombre de las cuatro capas de la pila TCP/IP. ¿En qué capa trabajan los datagramas?

Los nombres de las cuatro capas son: ap icación, transporte, internet y acceso a la red. Los datagramas trabajan en la capa número 2, llamada internet.

12. Enumere las capas y su dirección por las cuales pasará un dato de una aplicación de un PC a otro PC que está unido por un *router*.

Las capas por las que pasará son 7, 6, 5. 4, 3, 2 y 1 del PC de origen; 1, 2 y 3 del *router;* 3, 2 y 1 del *router;* y 1, 2, 3, 4, 5, 6 y 7 del PC final.

13. Indique cuáles son las funciones principales de la capa número uno o acceso a la red en la pila TCP/IP.

Las funciones principales son sincronización, conversión de señal y detección de errores.

14. Relacione cada medio de conexión con su característica principal.

- a. Fibra óptica.
- b. Medios no guiados.
- c. Cable de par trenzado.

b. Utiliza un medio no físico.
a. Puede transmitir a muy altas velocidades.
c. Está compuesto por hilos entrelazados entre sí.

15. ¿Cuál es el número de puerto utilizado para el protocolo DNS?

El número de puerto utilizado es el 53.

Solucionario Capítulo 2

1. Complete el siguiente texto.

Las **perturbaciones** en la transmisión son aquellos fenómenos físicos que alteran la transmisión y que en el ámbito de las telecomunicaciones son producidas habitualmente como consecuencia de las **interferencias** creadas o susceptibles a estas por los dispositivos eléctricos o electrónicos implicados en la transmisión o por el **medio** empleado para la misma.

2. ¿Qué tipo de transmisión está recomendado para distancias largas? ¿Y para transmitir a altas velocidades?

Transmisión en serie para distancias largas.

Transmisión en paralelo para altas velocidades.

3. Relacione cada paso de la digitalización con su descripción.

a. Muestreo.
b. Cuantificación.
c. Codificación.

c. Los valores de muestra de los voltajes quedan representados numéricamente por medio de códigos y estándares.
a. El muestreo convierte el voltaje en números (0 y 1).
b. Asignar valores binarios (0 y 1) de una determinada muestra o cantidad de bits a cada uno de los valores de tensión muestreados.

4. El tipo de direccionalidad de la señal de TV es:

a. Híbrido.
b. Unidireccional.
c. Interactivo.
d. Todas las opciones son incorrectas.

5. Indique los nombres de los tipos de diafonía en un medio guiado de par trenzado.

NEXT, FEXT y PSNEXT.

6. ¿Cuántas clases de direccionamiento existen? De ellas, ¿cuáles se utilizan?

Existen cinco clases de direccionamiento. Se utilizan 3, A, B y C.

7. ¿Cuál es el esquema básico de una comunicación?

El esquema básico de una comunicación es un emisor que envía un mensaje a un receptor a través de un canal. Para poder entenderse, deben utilizar un código comprensible para ambos.

8. Indique cuál de las siguientes afirmaciones es verdadera o falsa.

a. El espectro se extiende desde los infrarrojos hasta los rayos gamma.

☐ Verdadero
☑ **Falso**

b. Se denomina espectro electromagnético a la distribución energética del conjunto de ondas electromagnéticas.

☑ **Verdadero**
☐ Falso

c. El ser humano es capaz de visualizar todo el espectro electromagnético.

☐ Verdadero
☑ **Falso**

9. Indique cuál de los siguientes tipos de señales de conexión suele emplearse con niveles de tensión continua (DC).

a. Señales analógicas.
b. Señales de radioaficionado.
c. Señales digitales.
d. Ninguna de las respuestas anteriores es correcta.

10. **¿Qué tipo de multiplexación se utiliza normalmente con la fibra óptica?**

La multiplexación por división de frecuencias (WDM).

11. **¿Qué flujos de datos existen?**

    a. Simplex, semisimplex y dúplex.
    b. Dúplex y simplex.
    c. Dúplex, semidúplex y simplex.
    d. Todas las opciones son incorrectas.

12. **¿Qué ventajas tiene la transmisión digital?**

    ▮ Utilización de la capacidad.
    ▮ Mejor integridad de los datos en destino
    ▮ Integración en digital de todo tipo de datos
    ▮ Seguridad y privacidad.

13. **¿Qué tipo de transmisión se realiza por pulsos digitales entre dos puntos de un sistema de comunicación?**

La transmisión digital.

14. **¿Qué formas existen para aumentar el margen de la relación señal-ruido?**

Se puede aumentar la relación señal-ruido a través de hardware con amplificadores y blindajes, o por software a través de técnicas como el filtrado digital o los suavizados.

15. **Indique cuáles son las funciones principales de la capa número uno o acceso a la red en la pila TCP/IP.**

Las funciones principales son sincronización, conversión de señal y detección de errores.

Solucionario Capítulo 3

1. **Indique los tipos RG de cable coaxial más utilizados.**

   RG-62 y RG59.

2. **¿Qué ventajas tiene el cable coaxial?**

   Admite mayores distancias que el cable par trenzado.

   Este tipo de cable tiene un costo inferior a la fibra por sus componentes y estructura.

   La tecnología está muy implantada dada su antigüedad.

3. **El único tipo de cableado de par trenzado que soporta impedancias de tan solo hasta 100 ohmios es:**

   a. El trenzado blindado.
   b. El trenzado superblindado.
   c. **El trenzado no blindado.**
   d. El trenzado blindado global.

4. **¿Qué aplicaciones tiene el cable de par trenzado? De ellas, ¿cuál es la aplicación más habitual de este medio?**

   Señal de voz en telefonía, audio y vídeo, CCTV, PoE, VoIP y Ethernet.

   La aplicación más habitual es para redes informáticas.

5. **¿Qué servicios habitualmente entregan los ISP con el servicio FTTH?**

   TV, servicio internet de banda ancha y telefonía.

6. Complete el siguiente texto.

En el sistema de transmisión a través de fibra óptica, un transmisor de tipo **Láser** o LED transforma los datos recibidos en energía óptica o luminosa. Una vez transformada, la emite a través de un circuito de **fibra** hasta el lado del receptor, compuesto por un detector **óptico** (fotodiodo) cuya misión será la **transformación** en energía electromagnética de nuevo.

7. Enumere el ancho de banda y la velocidad máxima ofrecida por un cableado de categoría 6.

Ancho de banda hasta 250 MHz y velocidad 1 Gb/s

8. Indique los materiales conductores y aislantes comunes empleados en el cable coaxial y el cable de par trenzado.

Cobre o aluminio para el conductor y polietileno para el protector.

9. ¿Cuáles son los colores estandarizados del cable de par trenzado Ethernet?

a. Naranja, verde, azul, marrón y variedades con blanco.
b. Marrón, azul, naranja, turquesa y variedades con blanco.
c. Verde, azul, amarillo, naranja y variedades con blanco.
d. Todas las opciones son incorrectas.

10. ¿Qué dos tipos de conectores permiten velocidades de hasta 40 Gb/s?

El conector GG45 y el conector Tera.

11. Relacione cada medio de conexión con su característica principal.

a. Fibra óptica.
b. Medio guiado.
c. Cable de par trenzado.

b. Utiliza un medio físico.
a. Puede transmitir a muy altas velocidades.
c. Está compuesto por hilos entrelazados entre sí.

12. Nombre los tipos de pulido de la fibra óptica. ¿Cuál es el mejor de pulido similar al PC?

Plano, PC, SPC, UPC y APC.

El mejor pulido tipo PC es el UPC.

13. ¿Cuáles son las categorías de cables de par trenzado según normativa TIA/EIA568B actualmente estandarizadas?

Categorías 4, 5, 5e, 6, 6e, 7 y 7ª.

14. Indique cuál de las siguientes afirmaciones es verdadera o falsa.

a. El cableado coaxial alcanza mayores velocidades que el cable par trenzado.

☐ Verdadero
☑ **Falso**

b. La fibra óptica es la más barata debido a sus componentes.

☐ Verdadero
☑ **Falso**

c. La reparación de un cable par trenzado es muy dificultosa.

☐ Verdadero
☑ **Falso**

15. Indique los campos más habituales del uso de la fibra óptica.

Los campos más habituales donde se emplea la fibra óptica son medicina, iluminación y telecomunicaciones.

Solucionario Capítulo 4

1. ¿Qué funciones tiene la capa IrLAP? ¿A qué capa del modelo OSI se equipararía?

- Divide los dispositivos infrarrojos.
- Descubre otros tipos de dispositivos infrarrojos.
- Se encarga del etiquetado de los dispositivos.

La capa IrLAP se equipara a la capa "enlace de datos" de modelo OSI.

2. ¿Cuáles son los diferentes tipos de propagación de los medios no guiados?

a. Terrestre, aérea, visión directa y Espacio.
b. **Espacio, aérea, visión directa y superficial.**
c. Aérea, visión indirecta, Espacio y superficial.
d. Todas las opciones son incorrectas.

3. ¿Qué es un diagrama de radiación y para qué se utiliza?

Un diagrama de radiación en una técnica empleada para conocer las prestaciones de una antena. Consiste en una gráfica con os planos horizontal y vertical del objeto con las propiedades de la radiación en función de la dirección.

4. ¿Qué son las antenas direccionales? ¿Cuál es la principal ventaja que tienen estas antenas frente a las omnidireccionales?

Son las antenas que permiten concentrar la señal en un solo punto, aumentando de este modo la potencia emitida y evitando las interferencias externas.

La principal ventaja que existe frente a las antenas omnidireccionales es que proporcionan mayor rendimiento cuando se quiere concentrar la radiación en un punto concreto.

5. **La trayectoria que describe el campo electromagnético en el sentido de la propagación de la onda es:**

   a. La ganancia.
   b. **La polarización.**
   c. La pérdida de retorno.
   d. El ancho de banda.

6. **¿Qué tipos de estándares sobre banda ancha se pueden encontrar en la actualidad?**

   En la actualidad los más usados son Bluetooth, ZIGBEE y IEEE802.11.

7. **Indique cuál de las siguientes afirmaciones es verdadera o falsa.**

   a. Una de las aplicaciones de las microondas terrestres es su uso para la emisión de vídeo.

   ☑ **Verdadero**
   ☐ Falso

   b. Las microondas por satélite trabajan en una frecuencia de entre 3 y 130 GHz.

   ☐ Verdadero
   ☑ **Falso**

   c. Los datos de radio no pueden alcanzar gran velocidad de transmisión debido a su incapacidad para agruparse en sistemas de banda ancha.

   ☐ Verdadero
   ☑ **Falso**

8. **¿Qué nombre recibe el estándar de transmisión de datos por infrarrojos?**

   Se conoce con las siglas IrDA, *infrared data association*.

9. Los sistemas infrarrojos no se ven afectados por...

   a. ... las interferencias.
   b. ... las largas distancias.
   c. ... los objetos a atravesar.
   d. Ninguna de las respuestas anteriores es correcta.

10. Complete el siguiente texto.

En un enlace punto a punto se concentra toda la potencia del **emisor** en un pequeño objetivo. El receptor, por su lado, solo tiene que escanear la **luz infrarroja** de una pequeña franja del espacio. En este modo debe haber una **línea de visión** entre los dispositivos y se alcanzan grandes **velocidades**.

11. ¿Qué es el retardo y qué ocasiona en el microondas por satélite?

El retardo es la demora de tiempo de la propagación de una señal. En el caso de las microondas por satélite, el retardo que se produce es aproximadamente de ¼ de segundo.

12. Indique el nombre de las cuatro capas que han de cumplir los dispositivos infrarrojos y las cuatro capas opcionales.

Las capas por las que debe pasar un dispositivo infrarrojo son: capa física o IrPHY, capa IrLAP, capa IrLMP y capa IAS. Los protocolos opcionales son IrLAN, OBEX, Tiny TP e IrCOMM.

13. ¿Cómo se puede solucionar el hecho de que una antena radie en todas las direcciones y hacer que solo lo haga en una dirección?

Para ello se debe atenuar o anular las direcciones por las que no se desee transmitir y acentuar aquella por la que se quiere dirigir las comunicaciones. Es decir, dotar de direccionalidad o directividad a una antena.

14. ¿Qué capa de dispositivo infrarrojo es la encargada de responder a las solicitudes de petición de servicios de otros dispositivos?

La capa IAS.

15. **Relacione cada medio de conexión con su característica principal:**

      a. IrPHY.
      b. IrLAN.
      c. IrLMP.

      c. Permite multiplexar los servicios en una única conexión.
      b. Establece una red LAN entre ordenadores a través de infrarrojos.
      a. Las transmisiones se ejecutan entre 1 y 5 metros de distancia.

Solucionario Capítulo 5

1. ¿Qué tipo de protocolos son los más destacados de la capa 2?

Los protocolos más destacados son el protocolo asíncrono, el protocolo síncrono y, como subgénero de ellos, el control de enlace de datos de alto nivel HDLC y el protocolo punto a punto PPP.

2. ¿Cuáles son fases del protocolo PPP?

   a. Establecimiento y conexión, fase de internet y terminación.
   b. Autenticación, terminación y fase de red.
   c. Finalización autenticación y establecimiento.
   d. Todas las opciones son incorrectas.

3. ¿Qué problema puede surgir cuando se comparte un único medio de transmisión?

El problema que consiste en cómo se reparte el medio para gestionar varias comunicaciones al mismo tiempo.

4. ¿Qué es el protocolo ALOHA? ¿En qué se diferencia el protocolo ALOHA del protocolo CSMA/CD?

El protocolo ALOHA se caracteriza porque se escucha el medio esperando tráfico. Se diferencia del protocolo CSMA/CD en que este último es utilizado por el estándar Ethernet.

5. La técnica más empleada para detectar errores en una trama es a través del uso del código de redundancia cíclica o...

   a. ... CRC.
   b. ... FCS.
   c. ... CRC-8.
   d. ... CRC-64.

6. ¿Qué es *parity check?*

Es una técnica que consiste en añadir un bit a cada trama con un significado.

7. Indique cuál de las siguientes afirmaciones es verdadera o falsa.

a. La técnica *parity check* es capaz de hallar los errores y corregirlos

☐ Verdadero
☑ **Falso**

b. El control de flujo es aquel que gestiona la cantidad de datos que puede transmitir un emisor.

☑ **Verdadero**
☐ Falso

c. En la técnica Ventana deslizante se envían varias tramas al mismo tiempo sobre el enlace.

☑ **Verdadero**
☐ Falso

8. ¿Qué nombre recibe el bloque de la capa enlace de datos?

Trama.

9. En la técnica de parada y espera, el emisor inicia un temporizador interno y después...

a. ... el emisor envía una trama de datos y no espera respuesta.
b. ... el receptor espera el envío de trama de datos.
c. **... el emisor envía una trama de datos esperando respuesta.**
d. Todas las opciones son incorrectas.

10. Complete el siguiente texto.

En la técnica **Parada y espera,** el control de flujo de datos lo realiza el receptor a través de los **ACK.** Es muy eficiente para paquetes **grandes** y la comunicación es de tipo *half-duplex.*

11. ¿Qué quiere decir el término *piggyback?*

Piggyback es el protocolo bilateral de parada y espera.

12. Indique el nombre de los dos métodos de control de acceso al medio.

Los métodos de control de acceso al medio son por repartición y por compartición.

13. ¿En qué fase de datos PPP se negocian parámetros como la dirección IP?

En la fase de red.

14. ¿Qué dos tipos de configuraciones tiene el protocolo HDLC?

La configuración no balanceada y la balanceada.

15. Relacione cada medio de conexión con su característica principal.

    a. HDLC.
    b. Síncrono.
    c. Asíncrono.
    d. PPP.

c. Existen variedades de este protocolo, como son XMODEM, YMODEM y VME.
a. Proviene del protocolo SDLC.
b. Hay de dos tipos, los orientados a carácter o los orientados a bit.
d. Puede funcionar de manera síncrona y asíncrona.

Solucionario Capítulo 6

1. ¿Cuál es la función del protocolo IP? ¿En qué capa del modelo OSI opera?

La función del protocolo IP se encarga de la entrega de paquetes de datos a través de un encapsulado de datos llamado "datafragma". El protocolo IP opera en la capa 3 del modelo OSI.

2. ¿Cuáles son características del datafragma básico de 32 bits?

   a. **Longitud de la cabecera sin los datos, *fragment offset* y TTL entre otros.**
   b. Identificación del número de capa, *fragment offset* y etiquetas para el control entre otros.
   c. *Time to live*, dirección IP de origen y longitud de la cabecera con los datos entre otros.
   d. Todas las opciones son incorrectas.

3. ¿Qué significan las siglas IANA y qué son?

Las siglas IANA provienen del inglés "internet assigned numbers authority", que significa autoridad asignadora de números de internet. Es la autoridad que se encarga de asignar las direcciones IP, de los números de sistema autónomos y de los dominios DNS, entre otras funciones.

4. Indique cuál de las siguientes afirmaciones es verdadera o falsa.

   a. Las direcciones públicas son aquellas que no se pueden usar para internet.

      ☐ Verdadero
      ☑ **Falso**

   b. Las direcciones privadas sirven para entornos internos de una red y para internet.

      ☐ Verdadero
      ☑ **Falso**

c. Las direcciones de tipo reservadas no deben usarse salvo para el motivo específico asignado a esa dirección.

☑ **Verdadero**
☐ Falso

5. **¿Qué son las subredes? ¿En qué clase de dirección se pueden usar? ¿Qué se consigue con su utilización?**

Las subredes son un tipo de método utilizado para dimensionar el espacio de direcciones IPv4. Se puede usar con cualquier clase de dirección IP. Con la utilización de las subredes se consigue disponer de más redes, asignando una parte del espacio que normalmente estaría asignado a una dirección host a direcciones de red.

6. **Complete el siguiente texto.**

El **enrutamiento** consiste en asegurar que un **datagrama** viaje por la ruta que le corresponde para llegar a su **destino**. Esta función la realizan los dispositivos que trabajan en capa **3**, los *routers,* o bien dispositivos capaces de trabajar en dicha capa, como servidores, PC, etc.

7. **¿Qué tipo de protocolo ha sido diseñado para mantener los *routers* con la mayor precisión posible y libre de bucles?**

El protocolo de estado de enlace.

8. **¿Qué es BGP? ¿Cuál es su gran fallo?**

Es un protocolo que se encarga de interconectar sistemas de tipo autónomo a través de un núcleo troncal de red. Su gran fallo es de seguridad ya que permite poder engañar al *router* del proveedor de telecomunicaciones para decirle que la ruta más eficiente pasa por nuestro sistema, pudiendo monitorizar los datos.

9. **El protocolo encargado de la transferencia de archivos entre ordenadores conecta-dos a una red TCP/IP es:**

    a. El protocolo HTTP.
    b. El protocolo FTP.
    c. El protocolo SMTP.
    d. El protocolo TELNET.

10. **¿Qué tipo de detección en un sistema IPS es aquella que sirve para detectar intru-sos basándose en la distracción del atacante?**

    a. La detección basada en firmas.
    b. La detección basada en anomalías.
    c. La detección *honeypot*.
    d. Todas las opciones son incorrectas.

11. **Relacione cada medio de conexión con su característica principal.**

    a. Cortafuegos de estado *stateful.*
    b. Cortafuegos filtrado *stateless.*
    c. Cortafuegos de aplicación.

    c. Trabaja completamente en la capa de nivel 7 OSI.
    a. Trabaja, además de por paquetes, por conexiones consultando mínimamente la capa de nivel 7.
    b. Trabaja en la capa 3 del modelo OSI analizando el encabezado de cada datagrama.

12. **¿Qué es un cortafuegos?**

Es un sistema que sirve para impedir la entrada o la salida no autorizada de información.

13. **Indique cuántos y cuáles son los modos de funcionamiento del protocolo IPSEC.**

Tiene dos modos de funcionamiento: el modo de transporte, donde solo los datos que transporta son cifrados, y el modo túnel donde todos los paquetes de tipo IP son cifra-dos incluyendo cabeceras.

14. ¿Cuáles son los métodos de red para gestionar claves secretas?

Los basados en protocolos simétricos, los basados en servidores de registro de usuarios, los basados en servicios de información de red y los basados en centros de distribución de claves criptográficas.

15. ¿Cuál es la principal desventaja que se encuentra en el tipo de criptografía simétrico?

La principal desventaja es el uso de intercambio de claves que puede ser obtenida mientras se comunica la clave, ya que ningún canal puede garantizar la seguridad de que intercepten el mensaje original con la clave.

Solucionario Capítulo 7

1. ¿Cómo se denominan los tres tipos de concentradores de red y para qué sirve cada uno?

Se llaman activos, pasivos e inteligentes. Los activos reparten la señal y son capaces de regenerarla. Los pasivos reenvían la señal a todos los elementos de red sin regenerarla. Y los inteligentes son capaces además de repartir la señal y regenerarla, de detectar excesos de colisiones, gestión de alarmas, visor de prestaciones de red y ciertos parámetros básicos de red.

2. ¿Qué son los *hubs*?

Los *hubs* son los concentradores de tipo *hardware* que permiten conectar diversos equipos de red entre sí.

3. ¿Qué capa es aquella que permite establecer sesiones en diferentes máquinas remotas?

    a. Capa de presentación o nivel 6.
    b. Capa de transporte o nivel 4.
    c. Capa de sesión o nivel 5.
    d. Todas las opciones son incorrectas.

4. Indique cuál de las siguientes afirmaciones es verdadera o falsa.

    a. Los puertos de los concentradores trabajan todos a la misma velocidad.

        ☑ **Verdadero**
        ☐ Falso

    b. Un *smart-hub* es un dispositivo electrónico de red utilizado para encaminar entre dispositivos de red.

        ☐ Verdadero
        ☑ **Falso**

c. Los *switches* son capaces de tomar decisiones sobre el origen y el destino de los paquetes que se envían.

☑ **Verdadero**
☐ Falso

5. ¿Cuál es la diferencia principal entre los conmutadores y los concentradores?

La diferencia más importante es que los conmutadores son capaces de segmentar los dominios de colisiones de modo que cada puerto es un dominio de colisión diferente y así evitan el problema de compartir el medio.

6. Complete el siguiente texto.

La **trama** llega hasta el ***switch,*** el conmutador lo lee completamente, lo deja en una **memoria** que tienen los *switches* llamada ***buffer,*** lo procesa, calculando entre otros el **chequeo de paridad** (CRC), después verifica que todo esté correcto y es entonces cuando transmite la trama.

7. ¿Cuáles son los tipos de sistemas de conmutadores? ¿Qué sistema de conmutación es el más rápido?

Los sistemas de conmutación son: *store and forward, cut-through* y *adaptative cut-through.* El más rápido es *cut-through.*

8. La encargada de transmitir bits pero con un flujo de datos sin ningún tipo de estructura lógica es:

a. La capa de enlace de datos.
b. La capa de red.
c. La capa de presentación.
d. La capa física.

9. **¿Qué sucede cuando se produce una colisión de bits?**

Cuando se produce una colisión todos los equipos conectados a un *hub* sufren ciertas consecuencias. Estas consecuencias generan paradas y tiempo aleatorio para el envío de nuevos datos.

10. **¿Cómo se llama el tipo de puerto que permite conectar un concentrador a otro dispositivo a una velocidad diferente?**

    a. Up-Link.
    b. Down-Link.
    c. Fast Ethernet.
    d. Todas las opciones son incorrectas.

11. **¿Qué factores se deben tener en cuenta a la hora de la contratación de un acceso básico a redes públicas?**

Se debe tener en cuenta la cobertura, el ancho de banda y la velocidad real de conexión, el medio usado para el acceso y el volumen de datos permitidos.

12. **Relacione el tipo de medio empleado para el acceso a la hora de contratar acceso a redes públicas.**

    a. Satélite (banda ancha).
    b. Tecnología xDSL (banda ancha).
    c. Fibra óptica (banda ancha).
    d. Cobre (acceso analógico o banda estrecha).

    d. Se emplea un módem para el envío de datos digitales. Se alcanzan velocidades bajas.
    b. Aprovecha el hilo telefónico para mandar datos. Permite velocidades intermedias.
    a. Alcanza velocidades medias de bajada y bajas de subida.
    c. Puede alcanzar mayores velocidades y son muy estables.

13. ¿En qué tipo de topologías de red suelen trabajar los concentradores?

Pueden trabajar en diferentes topologías de red, siendo las más frecuentes hoy día la tipo LAN Ethernet y la fibra óptica.

14. ¿Qué tipos de concentradores son aquellos que necesitan proveerse de alimentación eléctrica?

Los concentradores activos y los inteligentes.

15. ¿Cuáles son los tipos de interfaces más comunes de un *router?*

Las interfaces más comunes son las uniones de red de área local, incluyendo el cableado como wifi, de área (WAN) y auxiliares.

Solucionario 2
Desarrollo del proyecto de la red telemática

Solucionario Capítulo 1

1. Las redes de telecomunicaciones NO se pueden clasificar según...

    a. ... el alcance.
    b. ... el tipo de conexión.
    c. ... la finalidad.
    d. ... el coste de instalación.

2. ¿Qué tipo de red es la que se caracteriza por tener altas velocidades de transmisión y tienen un alcance máximo de 10 km?

    a. Las redes de área metropolitana
    b. Las redes de área local
    c. Las redes de área provincial
    d. Las redes de área mundial

3. Las redes en las que los equipos se conectan a un servidor central son...

    a. ... las redes cliente-servidor.
    b. ... las redes unipersonales.
    c. ... las redes ofimáticas.
    d. ... las redes externas o internet.

4. ¿Qué técnica conecta dos equipos usando una infraestructura por la que se transmiten los datos?

    a. La interrupción
    b. La conmutación digital
    c. La conmutación
    d. La conexión en paralelo

5. Dentro de las capas del modelo OSI, la conmutación se ubica en...

    a. ... la capa 1.
    b. ... la capa 2.
    c. ... la capa 5.
    d. ... la capa 7.

6. Establezca el proceso que se lleva a cabo en la conmutación de circuitos.

- Construcción del circuito entre el emisor y el receptor. Para ello se conectará con los nodos intermedios. Estos, en caso de no conseguir alcanzar al destinatario, cancelarán esa operación, liberando los circuitos por si los necesitase otra comunicación.
- Una vez que los equipos se han comunicado, dará comienzo la transferencia de los datos.
- Desconexión de los recursos una vez finalizada la comunicación, liberándolos para que puedan ser utilizados por otras comunicaciones.

7. ¿Qué modelo de conmutación parte la información paquetes de longitud fija?

    a. La conmutación de circuitos.
    b. La conmutación de paquetes.
    c. La asignación de paquetes.
    d. La integridad de paquetes.

8. ¿Qué tamaño máximo de paquete se puede utilizar en la conmutación de paquetes?

    a. 500 bytes
    b. 1.500 bytes
    c. 1.000 bytes
    d. No tiene límite

9. Indique cual es una desventaja del uso de la conmutación de paquetes no orientado a la conexión.

Los paquetes pueden llegar desordenados, de forma que los niveles superiores de la capa OSI deben comprobar que no se han producido pérdidas de paquetes, no se han duplicado, y en el caso de que se detecten estos fallos, deben corregirlos.

10. Indique los principios en los que se basa la red ATM.

- Conmutación de paquetes de un tamaño fijo (celdas)
- Tecnología basada en circuitos virtuales
- Altas velocidades de transmisión

11. ¿En qué topología la rotura del medio de transmisión impide la comunicación entre los equipos?

a. Redes en anillo
b. Redes en estrella
c. Redes en bus
d. Redes en malla

12. Las redes en estrella son las más utilizadas en redes...

a. ... TRAN.
b. ... WAN.
c. ... MAN.
d. ... LAN.

13. ¿Qué topología es la recomendad en redes de gran tamaño?

a. Redes troncales
b. Redes en estrella
c. Redes en árbol
d. Redes en malla

14. Indique una ventaja y un inconveniente de la topología de malla.

La mayor ventaja de esta topología es que la información fluye por distintas rutas y, en caso de fallo, se busca una alternativa. Como inconveniente se encuentra que se deben limitar la cantidad de dispositivos que se deben instalar en esta topología.

15. En la topología bus, se debe instalar un terminador en los extremos para...

    a. ... poder instalar el comprobador.

    b. ... conocer donde acaba la red.

    c. ... evitar señales no deseadas.

    d. No es necesario instalar nada.

Solucionario Capítulo 2

1. **Indique al menos tres características de una red de área local.**

   ▌ Suelen ser redes de ámbito privado o corporativo.
   ▌ Comparten el medio de transmisión *(broadcast)*.
   ▌ Pueden implementarse de forma cableada o inalámbrica.
   ▌ Pueden alcanzarse altas velocidades.
   ▌ Se pueden interconectar con otras redes.
   ▌ Aunque en su alcance tienen una limitación de 100 m, pueden usarse repetidores para alcanzar distancias superiores.
   ▌ Pueden interconectar una gran cantidad de equipos.
   ▌ Utilizan habitualmente el protocolo TCP/IP, aunque pueden usar otros como NetBIOS.

2. **¿Qué tipo de topología de red es la que se caracteriza por interconectar varias redes en estrella?**

   a. **En estrella extendida**
   b. En árbol
   c. En anillo
   d. En bus

3. **Las redes LAN utilizan mayoritariamente el modelo...**

   a. **... TCP / IP.**
   b. ... OSI.
   c. ... ISO.
   d. ... BUS.

4. **¿Dentro de qué nivel se encuentran las capas físicas, de enlace y de red?**

   a. Nivel de aplicación
   b. Nivel de enlace
   c. **Nivel físico**
   d. Nivel de transporte

5. **Indique la característica principal del nivel físico.**

   El nivel físico es el encargado de establecer las características del medio de transmisión, independientemente de las funcionalidades y condiciones de la comunicación.

6. **Establezca la diferencias existentes, a nivel físico, entre los medios guiados y los no guiados.**

   Los medios guiados suelen tener un coste mayor que los no guiados, debido a que hay que tener en cuenta, además del propio cableado, las canalizaciones y otros elementos auxiliares, pero tienen la ventaja de que son más robustas y seguras.

   Los medios no guiados son más fáciles de instalar y más baratos, pero tienen el problema de que les afectan las interferencias y presentan problemas con la cobertura, dependiendo de los elementos que se encuentren en el entorno.

7. **¿Qué funcionalidad del nivel de enlace regula la transmisión para evitar la congestión del receptor?**

   a. El direccionamiento
   b. **El control de flujo**
   c. El control de errores
   d. La gestión del enlace

8. **Indique los subniveles en los que se divide el nivel de enlace y sus características?**

   ▪ **Subnivel MAC** *(Medium Access Control):* encargado de resolver los problemas de acceso al medio, incorporar la dirección MAC del emisor y receptor, detectar y corregir los errores, así como suprimir las tramas duplicadas.
   ▪ **Subnivel LLC** *(Logical Link Control):* define la manera en la que los datos se transfieren al medio físico, identificando los protocolos y su encapsulado.

9. **¿Qué técnica es la más usada para asegurar la integridad de la trama?**

   a. El redireccionamiento
   b. El control de flujo
   c. **El bit de paridad**
   d. El pausado de la trama

10. **En las redes de área local que utilizan la topología en estrella se puede afirmar que...**

    a. ... tienen un coste alto en infraestructura.
    b. ... solo puede fallar el concentrador.
    c. ... tienen una alta fiabilidad.
    d. Las opciones a y c son correctas.

11. **¿Qué elemento tiene una influencia importante sobre la velocidad de transmisión?**

    a. El control de transmisión
    b. El modo de transmisión
    c. El medio de transmisión
    d. El modo de transferencia

12. **El medio de transmisión más usado en las redes de área local es**

    a. ... el coaxial.
    b. ... la fibra óptica.
    c. ... el reflexivo.
    d. ... el de cobre de pares trenzados.

13. **¿Qué distancia mínima se debe respetar entre las instalaciones de redes con el resto de las instalaciones?**

    a. 10 cm
    b. 20 cm
    c. 30 cm
    d. 40 cm

14. **Indique las características que se deben tener en cuenta para establecer la capacidad de un medio de transmisión.**

   - Ancho de banda: específico para cada medio de transmisión. Se mide en hercios (Hz) o ciclos por segundo.
   - Nivel medio de ruido: provocado y dependiente del propio medio.
   - Tasa de errores: la señal recibida es contraria a la transmitida. Por ejemplo se recibe un 1 cuando se debiera haber recibido un 0 o viceversa.
   - Velocidad de transmisión: expresada en bits por segundo (bps).

15. **Los armarios dedicados al alojamiento de los equipos de interconexión de la red se caracterizan por**

   a. ... tener un tamaño fijo tanto en su anchura como en su altura.
   b. ... ser siempre de plástico.
   c. **... tener una anchura fija de 19".**
   d. ... tener una altura fija de 19".

Solucionario Capítulo 3

1. Un elemento importante que se debe tener en cuenta al realizar el tendido del cable es:

   a. La longitud del medio físico.
   b. La cantidad de equipos que conectar.
   c. La inversión que quiera realizar la empresa.
   d. El precio del metro de cable

2. Un puesto de trabajo debe disponer al menos de ..

   a. ... una línea de comunicación.
   b. ... dos líneas de comunicación.
   c. ... tres líneas de comunicación.
   d. ... cuatro líneas de comunicación.

3. Indique los niveles en los que se organiza el sistema de cableado.

   ▪ **Cableado horizontal:** cableado tendido desde el bastidor ubicado en el cuarto de comunicaciones hasta cada uno de los puntos situados en los puestos de trabajo.
   ▪ **Cableado vertical:** cableado tendido desde los armarios de cada planta hasta el habitáculo en el que se encuentran los equipos para conectar la red con el exterior.

4. Complete

   Se puede decir que mediante el cableado **horizontal** se genera una **topología** en **estrella** y con el cableado **vertical** una topología *hub.*

5. Los aspectos mínimos que se deben incorporar en un proyecto se definen en la norma...

    a. ... **UNE-EN 50173-1.**
    b. ... ISO 9001.
    c. ... ISO 9004
    d. ... SCE 1991.

6. Indique los objetivos que se persiguen al implantar un sistema de cableado estructurado.

    ▌ Configuración de nuevos puestos sin alterar al resto.
    ▌ Configuración de distintas topologías modificando únicamente las conexiones.
    ▌ Implantación de nuevos puestos sin necesidad de modificar el resto.
    ▌ Reducción del tiempo destinado a la resolución de las averías al estar unificados los equipos en un punto.

7. Enumere los distintos estándares que existen para regular el cableado estructurado.

    ▌ ANSI/EIA/TIA-568: normativa americana.
    ▌ ISO/IEC 11801: estándar internacional.
    ▌ EN-50173: normativa europea (basada en la ISO/IEC 11801).

8. El subsistema que agrupa el cableado desde el cuarto de comunicaciones de planta hasta cada puesto de trabajo es:

    a. El subsistema de cableado vertical.
    b. El subsistema de cableado horizontal.
    c. El subsistema de administración.
    d. El subsistema de gestión.

9. De acuerdo con la norma ANSI/TIA/EIA-568, el cableado estructurado se compone de...

    a. ... dos subsistemas funcionales.
    b. ... cuatro subsistemas funcionales.
    c. ... seis subsistemas funcionales.
    d. ... ocho subsistemas funcionales.

10. **El subsistema que establece la frontera entre la responsabilidad del usuario y el proveedor de los servicios de internet es:**

    a. El esquema de la instalación.
    b. El cuarto de comunicaciones de planta.
    c. El cableado vertical o *backbone*.
    d. La acometida o instalación de entrada.

11. **Indique las ventajas por las que se utiliza el cableado de fibra óptica en el cableado de campus.**

    ▪ A los cables de fibra óptica no les afectan las interferencias electromagnéticas.
    ▪ No hay problemas de diferencias de potencial debidas a las tomas de tierra independientes de cada edificio
    ▪ Se trabaja con distancias superiores a los 90 m, que es el máximo que se puede usar con el cableado Ethernet de pares trenzados.

12. **La longitud habitual de los latiguillos conexión es de...**

    a. ... entre 1 y 3 m en los cables de cobre de pares trenzados.
    b. ... entre 4 y 6 m en los cables de fibra óptica y cobre.
    c. ... entre 1 y 3 m en los cables de fibra óptica.
    d. Las opciones a y c son correctas.

13. **Indique las distintas interfaces que se pueden encontrar en un sistema de cableado.**

    ▪ La interfaz de sujeción de los equipos con los armarios a través del bastidor.
    ▪ Los latiguillos de conexión con los conectores en sus extremos.
    ▪ Las interfaces del puesto de trabajo que integran las tomas eléctricas y las de conexión a la red de comunicaciones (estas pueden ubicarse empotradas, en superficie, integradas en el suelo técnico o en torretas).

14. El cableado que trabaja en la frecuencia de 250 MHz es el de categoría...

     a. ... 2.
     b. ... 3.
     c. ... 5 y 5a.
     d. ... 6 y 6a.

15. La norma que regula los requisitos básicos que debe cumplir el cableado estructurado es:

     a. ISO 1806
     b. ISO 9001
     c. ISO/IEC 11801
     d. Código Técnico de la Edificación

Solucionario Capítulo 4

1. **Indique tres objetivos que se pretenden alcanzar con el desarrollo de un proyecto telemático.**

   ▪ Asegurar la implantación correcta de la infraestructura, equipos y servicios que permitan utilizar la red de comunicaciones.
   ▪ Garantizar el mantenimiento de la red de comunicaciones.
   ▪ Facilitar ampliaciones o mejoras de la red de comunicaciones.
   ▪ Permitir la interconexión con otros sistemas o arquitecturas de red.
   ▪ Asegurar la eficiencia del sistema.

2. **Cumplimente los huecos que falten:**

   Un proyecto **telemático** es el **documento** en el que se recogen los datos de la **instalación**, su **infraestructura** y las **aplicaciones** que se van a utilizar en la red de telecomunicaciones.

3. **La fase del proyecto en la que se describen de las soluciones técnicas que cumplan con las especificaciones del cliente corresponde con...**

   a. ... la fase 2.
   b. ... la fase 3.
   c. ... la fase 4.
   d. ... la fase 5.

4. **Para conocer las necesidades de la red y del cliente se utilizan...**

   a. ... las encuestas.
   b. ... las entrevistas.
   c. ... la experimentación.
   d. Todas las opciones son correctas.

5. ¿En qué apartado del estudio de viabilidad se justifica la selección de la opción elegidas para llevarla a cabo?

    a. El informe técnico
    b. El informe funcional
    c. El informe legal
    d. El informe ejecutivo

6. Indique los objetivos que se persiguen con el informe de diagnóstico.

    ❚ Conocer, en el caso de que existan, el estado de la infraestructura y las aplicaciones instaladas.
    ❚ Proponer la solución técnica más adecuada a las necesidades y exigencias planteadas por el cliente.

7. Cumplimente los huecos que faltan:

Dentro de la fase de **diagnóstico** hay que recabar la **máxima** cantidad de **información** posible para **garantizar** que la **propuesta** técnica seleccionada se **adecúa** a las **necesidades** del cliente.

8. A la hora de realizar el inventario de los equipos existentes se debe recoger...

    a. ... las características y el estado de los equipos.
    b. ... los números de serie y los fabricantes de los equipos.
    c. ... la información referida al cableado y a las aplicaciones.
    d. Todas las opciones son correctas.

9. Cuando se recopila la información de la red se recomienda volcarla posteriormente...

    a. ... en un documento digital, para evitar su deterioro.
    b. ... en un documento en papel, para evitar su pérdida.
    c. ... en un mapa de red de la instalación.
    d. ... junto al contrato del proveedor de servicios de telecomunicación.

10. Relacione los tres conceptos básicos de la seguridad informática.

> Riesgo = vulnerabilidad x amenaza

11. Cumplimente los huecos faltantes

Las **vulnerabilidades** ponen en riesgo los **datos** y los **sistemas** empresariales, comprometiendo su **integridad**, **disponibilidad** y **privacidad**, que tienen la **ventaja** de que se pueden **solventar** una vez que son **descubiertas.**

12. El uso de distintas técnicas de manipulación utilizadas por un ciberdelincuente para obtener información confidencial de un usuario se conoce como...

    a. ... *phishing.*
    b. ... auditoría de seguridad.
    c. ... antivirus.
    d. ... ingeniería social.

13. Indique tres características que debe cumplir una clave de cifrado.

- La clave de cifrado debe tener la máxima longitud posible, como pueden ser las claves de 1024 o 2048 bytes, que necesitan una gran cantidad de recursos de *hardware,* lo que provoca la desmotivación del atacante.
- Cambiar las claves de forma regular, lo que provoca que las claves de cifrado se cambien.
- Utilizar caracteres especiales junto con números y caracteres alfanuméricos para dificultar el descifrado.
- No utilizar palabras conocidas, fechas de nacimiento, aniversarios, etc., pues esto permite asociar la clave a la persona atacada.
- Limitar los intentos de acceso fallidos en un espacio de tiempo.
- Usar una criptografía asimétrica, de forma que las claves de cifrado sean distintas en el cifrado y en el descifrado del mensaje.

14. Los documentos generados electrónicamente NO garantizan...

    a. ... la confidencialidad.
    b. ... la integridad.
    c. ... la autenticidad.
    d. ... la legibilidad.

15. La actividad encaminada a garantizar que la información no sufre cambios durante su transmisión es la...

    a. ... la auditabilidad.
    b. ... la confidencialidad.
    c. ... la integridad.
    d. ... la fiabilidad.

Solucionario Capítulo 5

1. Las herramientas de *software* utilizadas en una red telemática tienen como objetivo...

   a. ... asegurar el correcto funcionamiento de la red.
   b. ... establecer la cantidad mínima de equ pos que debe tener la red.
   c. ... definir la inversión que tiene que realizar la empresa.
   d. ... evaluar los costes del proyecto.

2. La herramienta de *software* que simula los equipos de una red es:

   a. El simulador
   b. El emulador
   c. El *router*
   d. El *hub*

3. Las herramientas de simulación pueden catalogarse como...

   a. ... gratuitas o de pago.
   b. ... de aplicaciones y de equipos.
   c. ... generales y específicas.
   d. ... sencillas y complejas.

4. Una herramienta de simulación privativa es:

   a. *GNS3*
   b. *OMNeT ++*
   c. *OMNeST*
   d. *VisualSense*

5. En una herramienta de simulación de redes de carácter general se puede...

   a. ... simular cualquier tipo de red.
   b. ... simular redes solo con los equipos de un determinado fabricante.
   c. ... generar diagramas de Gantt de planificación de tareas.
   d. Todas las opciones son incorrectas.

6. **Una herramienta de simulación gratuita que tiene versión de pago es:**

   a. *GNS3*
   b. **OMNeT ++**
   c. *OMNeST*
   d. *VisualSense*

7. **Cumplimente los huecos que falten:**

   Mediante la **simulación** de una red **telemática** se puede **averiguar** si se producen **cuellos de botella, tráficos intensos** en algunos dispositivos, o si existen **problemas** de **rendimiento.**

8. **La planificación de proyectos permite...**

   a. ... conocer el desarrollo del proyecto.
   b. ... conocer la planificación del proyecto.
   c. ... definir los puntos de control.
   d. **Todas las opciones son correctas.**

9. **¿Qué es un diagrama de Gantt?**

   a. Un gráfico para la planificación de protocolos de la red.
   b. **Un gráfico para la planificación de tareas.**
   c. Un resumen presupuestario.
   d. Una interfaz de la red.

10. **Las actividades que influyen negativamente en la finalización del proyecto son las denominadas...**

    a. **... críticas.**
    b. ... hitos.
    c. ... temporales.
    d. ... verticales.

11. Utilizando las herramientas de simulación de redes se consigue:

    a. Reducir costes.
    b. Aumentar costes.
    c. Reducir tiempo de implantación.
    d. Aumentar las prestaciones de la red.

12. Al definir las actividades que integran el proyecto, también se debe establecer...

    a. ... el coste de cada una de ellas.
    b. ... las fechas de control.
    c. ... las fechas de inicio y final.
    d. ... las personas responsables de su control y cumplimiento.

13. La herramienta de simulación que comenzó incorporando los equipos propios de un fabricante y que ha incorporado paulatinamente otros equipos genéricos es:

    a. *OP Manager*
    b. *Microsoft Word*
    c. *MIMIC Simulator Suite*
    d. *Cisco Packet Tracer*

14. ¿Qué herramientas permiten comprobar si los cambios que se pretenden realizar en una red son adecuados o no?

    a. Las herramientas de control.
    b. Las herramientas de configuración.
    c. Las herramientas de aplicación.
    d. Las herramientas de simulación.

15. Si usando la aplicación *Cisco Packet Tracer* se desea establecer una configuración específica a un equipo...

    a. ... solo se puede hacer si se está registrado como proveedor de CISCO System.
    b. ... se debe comprar la ampliación de la aplicación.
    c. ... se debe hacer doble clic sobre el equipo.
    d. No es posible cambiar las configuraciones de los equipos.

Solucionario 3
Elaboración de la documentación técnica

Solucionario Capítulo 1

1. ¿De qué campos depende en gran medida la calidad de un producto o servicio?

■ Los materiales: ya que hay que usar los adecuados para conseguir el fin requerido.
■ Las máquinas: de igual forma que ocurre con los materiales, se debe usar una maquinaria apta; utilizar los materiales y las máquinas más caros no es sinónimo de conseguir un producto de alta calidad.
■ Los métodos: que deben estar definidos en un proyecto técnico inicial.
■ El personal: el cual debe estar debidamente formado ya que es una parte importante para conseguir una calidad óptima.
■ La organización: la cual debe dotar de la importancia necesaria a los elementos anteriores para conseguir un proceso adecuado, dando lugar al producto final.

2. ¿Cuál de los siguientes organismos expende las certificaciones ISO en España?

a. AFNOR.
b. AENOR.
c. ELOT.
d. APCER.

3. ¿De qué normas está compuesta la ISO 9000?

El conjunto de normas ISO que están relacionadas con la calidad son: ISO 9000. Sistemas de Gestión de la Calidad - Fundamentos y Vocabulario, ISO 9001. Sistemas de Gestión de la Calidad - Requisitos e ISO 9004. Sistemas de Gestión de la Calidad - Directrices para la Mejora del Desempeño.

4. ¿Qué duración tiene la validez del certificado ISO 9001?

a. 1 año.
b. 2 años.
c. Es permanente.
d. 3 años.

5. De los manuales que conforman la norma ISO 9001, ¿cuál de ellos es el más importante?

El más importante es el *Manual de calidad* porque es donde se desarrolla la adaptación de la norma a la actividad de la organización concreta.

6. ¿De qué capítulos está compuesta la norma ISO 9001/2015?

    a. Objeto y campo de aplicación, normas para consulta, términos y definiciones, contexto de la organización, Liderazgo, Planificación, Apoyo, Operación, Evaluación del desempeño y mejora.

    b. Normas para consulta, términos y definiciones, sistema de gestión de la calidad.

    c. Realización del producto y medición, análisis y mejora.

    d. Objeto y campo de aplicación, normas para consulta, términos y definiciones, contexto de la organización, Planificación, Operación, y mejora.

7. Defina el término "sistema de calidad".

Un sistema de calidad es un método planificado de medios y acciones con el fin de asignar la suficiente confianza a productos o servicios de una empresa.

8. ¿Cuáles eran los procedimientos requeridos hasta la norma ISO 9001:2008 y que han pasado a ser opcionales a partir de la norma ISO9001:2015?

Control de documentos, control de los registros de la calidad, auditoría interna, control del producto no conforme, acción correctiva y acción preventiva.

9. ¿Cuál de las siguientes afirmaciones no está definida en una empresa para llevar a cabo un plan de calidad?

    a. Definir las responsabilidades en el plan de calidad.

    b. Asignar e identificar a la persona responsable del desarrollo del plan de la calidad.

    c. Presentación y estructura del plan.

    d. Plan de acciones correctivas.

10. Indique cuál de las siguientes afirmaciones sobre los registros es verdadera o falsa.

a. Un registro es el documento que presenta resultados obtenidos de actividades desempeñadas.

☑ **Verdadero**
☐ Falso

b. Los registros pueden utilizarse para documentar la trazabilidad.

☑ **Verdadero**
☐ Falso

c. Los registros necesitan estar sujetos al control del estado de revisión.

☐ Verdadero
☑ **Falso**

d. Los registros demuestran que las actividades no se desarrollan según lo establecido.

☐ Verdadero
☑ **Falso**

11. Complete el siguiente texto.

Se debe establecer un **seguimiento y una medición** en la medida de lo posible sobre la **satisfacción del cliente,** donde la empresa realiza un seguimiento de la percepción que el cliente tiene sobre cómo **se desarrolla el proceso** y si cumplen los **requisitos establecidos** por parte de la empresa.

12. ¿Cuántos tipos de auditorías se pueden encontrar en lo referente a la calidad?

Auditoría interna o de primera parte, realizada por la propia organización; auditoría externa o de segunda parte, realizada por los clientes si así se establece en el contrato; y auditoría externa o de tercera parte, realizada por las organizaciones competentes de certificaciones.

13. ¿Qué detectan las auditorías?

    a. Que la norma es la idónea.
    b. No conformidades.
    c. Que el sistema de calidad no es adecuado.
    d. Procesos óptimos.

14. Complete el siguiente texto.

La organización debe tener en mente **mejorar continuamente** el **sistema de gestión de la calidad** mediante el uso de la política de la calidad, los objetivos de la calidad, **los informes obtenidos a través de las auditorias,** el análisis de datos y las **acciones correctivas y preventivas.** El objetivo de la mejora continua del **SGC** es aumentar la satisfacción del **cliente** y las demás partes interesadas.

15. Defina acción preventiva y acción correctiva.

Acción preventiva: acción tomada para eliminar la causa de una no conformidad (incumplimiento de un requisito) potencial u otra situación potencial no deseable.

Acción correctiva: acción tomada para eliminar la causa de una no conformidad (incumplimiento de un requisito) detectada u otra situación no deseable.

Solucionario Capítulo 2

1. **Actualmente, ¿cuál es el Real Decreto que rige el Reglamento regulador de las infraestructuras comunes de telecomunicaciones?**

   a. Real Decreto Ley 1/1998, de 27 de febrero.
   b. Real Decreto 401/2003, de 4 de abril.
   c. Real Decreto 279/1999, de 22 de febrero.
   d. Real Decreto 346/2011, de 11 de marzo.

2. **¿Qué comprende una ICT?**

   La infraestructura común de telecomunicaciones engloba la instalación de radio y televisión digital terrestre, la instalación de telecomunicación para los servicios de telefonía disponible al público y de banda ancha y la instalación de las infraestructuras que dan soporte al hogar digital.

3. **¿Qué puntos son los que están incluidos en los datos generales de la memoria de un proyecto técnico de ICT?**

   a. **Datos del promotor, descripción del edificio, aplicación de la Ley de Propiedad Horizontal y objeto del proyecto técnico.**
   b. Datos del promotor y objeto del proyecto técnico.
   c. Datos del promotor, captación y distribución de radiodifusión sonora y televisión terrestre, distribución de radiodifusión sonora y televisión por satélite.
   d. Objeto del proyecto técnico, captación y distribución de radiodifusión sonora y televisión terrestre, distribución de radiodifusión sonora y televisión por satélite, acceso y distribución de los servicios de telecomunicaciones de telefonía disponible al público y de banda ancha, infraestructura de hogar digital.

4. **¿Qué información se recoge en el objeto del proyecto técnico?**

   Se debe especificar qué leyes son las que debe cumplir el proyecto técnico.

5. Complete el siguiente texto.

En los **planos** se realiza la representación gráfica de la instalación para la que se diseñan. Deben ser **claros** y **precisos** y contener todas las indicaciones para su correcta interpretación. Es habitual realizarlos usando programas informáticos de **CAD**. Los datos identificativos del proyecto y del plano se incluyen en el **cajetín** o **cuadro de rotulación**.

6. Indique si es verdadero o falso que los planos siguientes deben incluirse inicialmente en el proyecto técnico de instalaciones de ICT.

a. Plano general de situación del edificio.

☑ **Verdadero**
☐ Falso

b. Plano descriptivo de instalaciones de ICT en planta baja.

☑ **Verdadero**
☐ Falso

c. Plano descriptivo de instalaciones de ICT en plantas singulares.

☑ **Verdadero**
☐ Falso

d. Plano descriptivo de instalaciones de redes de bajantes.

☐ Verdadero
☑ **Falso**

7. Indique si los siguientes apartados deberían aparecer en el pliego de condiciones generales o en el pliego de condiciones particulares.

a. Reglamento de ICT y normas anexas.
b. Radiodifusión sonora y televisión.
c. Infraestructuras de hogar digital.
d. Normativa sobre gestión de residuos.
e. Secreto de las comunicaciones.
f. Estimación de los residuos generados por la instalación de la ICT.

a, d y e. Pliego de condiciones generales.

b, c y f. Pliego de condiciones particulares.

8. Complete el siguiente texto.

Los antecedentes incluyen información **administrativa** y una historia técnica desde el estudio inicial del proyecto técnico hasta que **finaliza,** para así establecer el ámbito legal para saber en cualquier momento qué **trámites** han sido realizados, las **personas y organismos** responsables, al igual que la **normativa** que cumple el proyecto.

9. ¿Quién firma el acta de replanteo?

a. **El profesional que la redacte y el titular de la propiedad.**

b. El titular de la propiedad y la empresa instaladora.

c. El usuario final de la instalación ICT.

d. La empresa instaladora y el profesional que la redacte.

10. ¿Cuántas visitas debe realizar, inicialmente, el director de obra a la ICT durante la ejecución de esta y cuándo?

Normalmente son suficientes cinco visitas, que se distribuyen de la siguiente forma:

- Una visita al comienzo de las obras.
- Una visita en la fase de instalaciones.
- Dos visitas en el seguimiento de las instalaciones.
- Una visita en la certificación final de obra.

11. ¿En qué casos es estrictamente necesario que exista un director de obra?

- Cuando el proyecto técnico se refiera a la instalación de ICT en edificios o conjuntos de edificaciones con más de 20 viviendas.
- Cuando las edificaciones de uso residencial incluyan elementos activos en la red de distribución.
- El proyecto técnico incluya instalaciones de hogar digital
- Cuando el proyecto técnico se refiera a edificaciones de uso no residencial.

12. **¿En qué persona recae tanto la responsabilidad civil, penal o administrativa asociada a una instalación de ICT?**

    a. Constructor.
    b. Dueño de la vivienda.
    c. Empresa instaladora ICT
    d. Ingeniero que certifica la instalación.

13. **Indique los apartados del protocolo de pruebas para certificar una instalación ICT.**

    I Promotor y características del edificio o conjunto de edificaciones.
    I Equipos de medida usados en la instalación.
    I Captación y distribución de radiodifusión sonora y televisión digital terrestre.
    I Captación y distribución de las señales de televisión y radiodifusión sonora por satélite (si existe).
    I Acceso al servicio de telecomunicaciones de banda ancha.
    I Canalizaciones, recintos de instalaciones de telecomunicaciones y registros.
    I Hogar digital (si existe).

14. **¿Qué dos documentos se requieren para obtener la certificación final de obra de una ICT?**

    El documento de modelo de certificado de fin de obra de una ICT cumplimentado y visado por el colegio profesional correspondiente y el protocolo normalizado de mediciones y verificación de situación de la infraestructura común de telecomunicaciones cumplimentado y visado por el colegio profesional correspondiente.

15. **Indique cuál de las siguientes afirmaciones es verdadera o falsa.**

    a. El usuario final de la vivienda debe recibir el manual de usuario de manos del director de obra de la ICT.

        ☐ Verdadero
        ☑ **Falso**

b. El manual de usuario constituye el documento más importante del proyecto técnico de ICT.

   ☐ Verdadero
   ☑ **Falso**

c. El manual de usuario debe incluir recomendaciones en cuanto a uso y mantenimiento.

   ☑ **Verdadero**
   ☐ Falso

d. El manual de usuario debe ajustarse al modelo establecido en el anexo VI de la Orden ITC/1644/2011.

   ☑ **Verdadero**
   ☐ Falso

Solucionario Capítulo 3

1. ¿Cuáles son las principales características de los sistemas CAD?

El sistema CAD permitirá mejorar el diseño gráfico del objeto planteado, observarlo desde distintos puntos de vista, comprobar detalles, facilitar la modificación del trazado, crear superficies, verificarlas, etc. Aunque en cualquier caso no sería posible detectar todos los defectos, lo que haría necesario fabricar modelos de la pieza para analizar el resultado obtenido.

2. ¿Qué significan las siglas CAD?

    a. Diseño asistido por ordenador.
    b. Fabricación asistida por ordenador.
    c. Ingeniería asistida por ordenador.
    d. Fabricación integrada por ordenador.

3. ¿Qué relación hay entre CAD y CAM?

Hay sistemas CAM que disponen de herramientas CAD con las que el usuario puede crear directamente la geometría de la pieza.

4. ¿Qué significan las siglas CAM?

    a. Diseño asistido por ordenador.
    b. Ingeniería asistida por ordenador.
    c. Fabricación integrada por ordenador
    d. Fabricación asistida por ordenador.

5. Defina CAE.

Proceso integrado que incluye todas las funciones de la ingeniería que van desde el diseño propiamente dicho hasta la fabricación.

6. ¿Qué significa las siglas CAE?

    a. Diseño asistido por ordenador.
    b. Ingeniería asistida por ordenador.
    c. Fabricación integrada por ordenador
    d. Fabricación asistida por ordenador.

7. ¿Qué ventajas presenta la tecnología CAD en el diseño de proyectos de telecomunicaciones?

La tecnología CAD se usa como herramienta de simulación para diseñar y probar el comportamiento de una red de datos, además de calcular direcciones IP, etc., y otros factores que permiten observar y desarrollar el comportamiento de una red de datos de una instalación de telecomunicaciones.

8. Indique si las siguientes afirmaciones correspondientes al uso de programas CAD en el proyecto de ICT son verdaderas o falsas.

    a. Los programas CAD suponen una gran ayuda a la hora de proyectar las instalaciones de telecomunicaciones en edificios de viviendas.

        ☑ **Verdadero**
        ☐ Falso

    b. La información introducida en una fase del diseño solo puede usarse en esa fase.

        ☐ Verdadero
        ☑ **Falso**

    c. Con los programas CAD no es necesario conocer las características de la edificación que va a soportar la ICT.

        ☐ Verdadero
        ☑ **Falso**

d. Los datos que se introduzcan en cada uno de los pasos van a servir para completar los diferentes apartados de los documentos que componen el proyecto.

☑ **Verdadero**
☐ Falso

9. **¿Es necesario crear todos los planos del edificio en el que se va a instalar una ICT si se emplea para el proyecto un programa específico de diseño de ICT?**

No es necesario ya que los programas específicos de diseño de ICT pueden trabajar a partir de planos creados en Autocad.

10. **¿Cuál de los siguientes planos no incluye ningún elemento de la ICT?**

a. Plano de cubierta.
b. Plano de diferentes plantas.
c. Esquema general de infraestructuras.
d. **Plano general de situación del edificio.**

11. **Se mostrarán en detalle los puntos de fijación del arriostramiento con las indicaciones necesarias para su ejecución y comprensión en...**

a. **... los planos de cubierta.**
b. ... el plano de la planta baja.
c. ... el esquema general de infraestructuras.
d. ... el esquema de principio de la instalación de radiodifusión sonora y televisión.

12. **Indique si la siguiente afirmación es verdadera o falsa y justifique su respuesta: "En los esquemas de principio de la instalación proyectada para cualquier otra red incluida en la ICT habrá que indicar las pérdidas (de inserción, en los derivadores) en decibelios."**

Es falsa porque el esquema en el que hay que indicar estas pérdidas es el esquema de principio de la instalación de radiodifusión sonora y televisión.

13. En este esquema debe incluirse una tabla resumen con la asignación de pares previstos para el servicio de telefonía. Se trata de...

Esquemas de principio de cada una de las redes para el acceso a los servicios de telefonía disponible al público y de banda ancha.

14. ¿Cómo se establecería el esquema de distribución del RITS?

En el esquema correspondiente al RITS, la mitad superior se reserva para RTV, incluyendo los enchufes necesarios, y la mitad inferior para SAI, las bases de enchufe y el cuadro de protección. También deberá indicarse la conexión de la toma de tierra.

15. ¿En qué documento del proyecto se encuentra la información correspondiente a la cantidad y las dimensiones de los materiales empleados en la instalación?

En la memoria, al final de cada uno de ellos, se incluía un subapartado en el que se procedía a la descripción de los elementos componentes de la instalación que debían emplearse en ese subapartado concreto.

16. ¿Y qué aparecerá en el pliego de condiciones?

En el pliego de condiciones se especificarán sus características: marcas, modelos y características técnicas, haciendo referencia a la norma UNE que le es de aplicación.

Planificación de proyectos de implantación de infraestructuras de redes telemáticas

Solucionario Capítulo 1

1. **Indique cuál de las siguientes afirmaciores es verdadera o falsa.**

   a. Todo proyecto tiene un inicio, un fin, unos recursos y un objetivo.

      ☑ **Verdadero**
      ☐ Falso

   b. No es necesario que un proyecto cumpla las normativas de calidad.

      ☐ Verdadero
      ☑ **Falso**

   c. Para planificar más rápido un proyecto se puede prescindir de las reuniones con el cliente.

      ☐ Verdadero
      ☑ **Falso**

2. **¿Qué aspectos se deben tener en cuenta en la organización de un proyecto?**

   ❙ Objetivos y especificaciones del proyecto.
   ❙ Estudio de viabilidad, financiación y análisis de riesgos.
   ❙ Recursos humanos, equipos y materiales disponibles.
   ❙ Gestión y planificación de tiempo, costes y recursos.
   ❙ Ciclo de vida.
   ❙ Cumplimiento de las normativas de calidad y documentación.

3. **En un proyecto, la duración de los procesos y la secuencia de actividades necesarias para alcanzar el objetivo basándose en distintas fases se denomina...**

   a. ... seguimiento.
   b. ... viabilidad.
   c. ... ciclo de vida.
   d. Todas las opciones son incorrectas.

4. **¿En qué fase del ciclo de vida se planifican todas las tareas que se deben realizar dentro del proyecto? ¿En qué consiste esta fase?**

Planificación: consiste en enumerar todas las tareas necesarias en función del tiempo y los recursos de los que se dispone.

5. **Indique cuál de las siguientes fases no corresponde al ciclo de vida de un proyecto.**

    a. Ejecución.
    b. Ordenación.
    c. Definición.
    d. Todas las opciones son incorrectas.

6. **¿Cuál es la fase del ciclo de vida de un proyecto que es considerada la más larga y complicada porque puede surgir numerosos problemas?**

    a. Cierre.
    b. Aprobación.
    c. Ejecución.
    d. Todas las opciones son incorrectas.

7. **Complete el siguiente texto.**

La organización empresarial es aplicar unos **modelos** para realizar el proceso de **organización** y **jerarquización** de una empresa y, dependiendo del objetivo, se pueden elegir estos tres tipos: **funcional, por proyectos** o **matricial**.

8. **Indique en qué consiste el modelo de organización funcional en una empresa. ¿Cuáles son sus ventajas e inconvenientes?**

Organizar la empresa aplicando el principio de especialización de las funciones para cada tarea

  I VENTAJAS

    I Cada órgano realiza únicamente su actividad específica.
    I Máxima especialización.
    I Comunicación directa más rápida.

I INCONVENIENTES

- Pérdida de la autoridad en el manco.
- Competencias y conflictos entre los especia istas.
- Ambigüedad en la asignación de responsabilidades.
- Tiende a la confusión de objetivos.

9. ¿En qué se basan los factores críticos de éxito en un proyecto?

En el cumplimiento de las condiciones para equilibrar los aspectos técnicos, organiza-tivos y de gestión del proyecto

10. ¿Qué objetivo tiene la organización de los recursos humanos en un grupo de pro-yecto? ¿Qué efecto tiene una buena organización del grupo en el desarrollo de un proyecto?

- Determinar los roles para cada persona, las responsabilidades y las relaciones de informe.
- Mejora el rendimiento del proyecto ya que aumenta la capacidad de completar sus actividades y mejora el trabajo en equipo y la unión entre sus miembros.

11. ¿Qué miembro del grupo de proyecto destaca como figura clave? ¿En qué fases es clave? ¿Qué poder tiene sobre el proyecto?

- El jefe de proyecto.
- Planificación, ejecución y control del proyecto.
- Poder ejecutivo, autoridad y toma de decisiones en base a los objetivos marcados.

12. Indique qué tres perfiles debe adquirir un buen jefe de proyecto.

Perfil técnico, perfil como gestor y perfil con relaciones personales.

13. Relacione cada modelo de organización empresarial con su correspondiente ventaja.

 a. Máxima especialización en las funciones.
 b. Existe unidad de mando.
 c. Orientado a la calidad del resultado.

 b. Organización por proyectos.
 a. Organización funcional.
 c. Organización matricial.

14. Indique cuál de las siguientes afirmaciones es verdadera o falsa.

 a. En un equipo de proyecto de alto rendimiento solo importa la eficacia.

  ☐ Verdadero
  ☑ **Falso**

 b. En un equipo de proyecto de alto rendimiento se deben abordar los problemas de forma individual.

  ☐ Verdadero
  ☑ **Falso**

 c. En un equipo de proyecto de alto rendimiento la comunicación debe ser directa y efectiva.

  ☑ **Verdadero**
  ☐ Falso

15. Relacione cada modelo de liderazgo de un jefe de proyecto con su correspondiente característica.

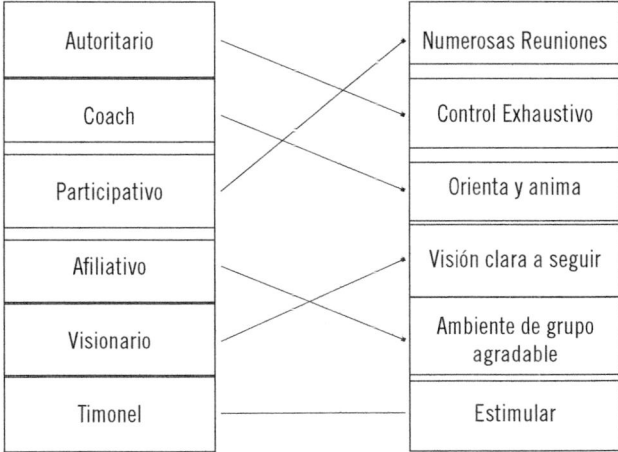

Autoritario	Numerosas Reuniones
Coach	Control Exhaustivo
Participativo	Orienta y anima
Afiliativo	Visión clara a seguir
Visionario	Ambiente de grupo agradable
Timonel	Estimular

Solucionario Capítulo 2

1. **Indique cuál de las siguientes afirmaciones es verdadera o falsa.**

    a. Los procesadores de texto permiten insertar gráficos y tablas.

    ☑ **Verdadero**
    ☐ Falso

    b. Se puede realizar una gestión de costes cor cualquier herramienta ofimática.

    ☐ Verdadero
    ☑ **Falso**

    c. Las celdas en una hoja de cálculo se localizan mediante el número de la fila y la letra de la columna correspondiente.

    ☑ **Verdadero**
    ☐ Falso

2. **Enumere las funciones que proporciona una hoja de cálculo para la gestión de proyectos.**

    ▌ Organizar y representar datos.
    ▌ Generar gráficos.
    ▌ Usar fórmulas matemáticas, financieras, estadísticas y lógicas.
    ▌ Creación y gestión de bases de datos y cálculos numéricos.
    ▌ Imprimir archivos, gráficas y tablas.

3. **Indique qué *software* de diagramación tiene un tipo de licencia comercial.**

    a. *Dia.*
    b. *Kivio.*
    c. ***Microsoft Visio.***
    d. Todas las opciones son incorrectas.

4. ¿Qué características tiene el *software* de diagramación *Dia*?

Es similar a *Microsoft Visio,* permite crear diagramas UML, flujo y red de mapas, diagramas de circuitos eléctricos, descriptores, lectura y almacenamiento en formato XML, es multiplataforma y con licencia de código abierto.

5. ¿Qué proporciona la utilización de herramientas de *software* en la gestión de proyectos?

      a. Solo documentación.
      b. Eficiencia.
      c. Tiempo.
      d. Todas las opciones son incorrectas.

6. Complete el siguiente texto.

Las herramientas *software* de gestión permiten realizar la **planificación** de actividades y el **control** de costes y **flujos** de información proporcionando utilidades como diagrama de **Gantt**, gráfico de **PERT** o **informes** de uso de tareas.

7. Indique las características de la herramienta *software* de gestión *GanttProject*. ¿Qué inconveniente tiene esta herramienta?

   I Jerarquía de tareas y sus dependencias.
   I Gráfico de carga de recursos.
   I Diagramas de Gantt.
   I Diagramas de PERT.
   I Informes en PDF y HTML.
   I Intercambio de datos con aplicaciones en hoja de cálculo.
   I El inconveniente es que no tiene funciones para la contabilidad de costos y el control de documentos.

8. Indique los dos *softwares* de gestión de proyectos que tienen licencia comercial para su utilización.

      a. *OpenProj y Microsoft Project.*
      b. *Oracle Primavera y Microsoft Project.*
      c. *Oracle Primavera y GanttProject.*
      d. Todas las opciones son incorrectas.

9. ¿Para qué sirve la documentación técnica? ¿Qué proporciona al proyecto una correcta elaboración de la documentación técnica?

La documentación de proyectos sirve para identificar de forma más rápida y fácil todas las características y los aspectos que conforman el proyecto. La elaboración de una correcta documentación proporcionará identidad al proyecto.

10. ¿Qué requisitos y características debe cumplir un documento técnico? ¿Qué información debe reflejar?

- Lenguaje claro y conciso.
- Abarcar todos los aspectos del proyecto.
- Objetivos fáciles de detectar.
- Indicar ventajas e inconvenientes.
- Elaborar los documentos con una estructura adecuada.
- Debe reflejar toda la información necesaria que describe el producto como su objetivo, funcionalidad y características.

11. ¿Qué información debe incluir un informe? ¿Cuándo se deben realizar los informes?

- Los informes se deben realizar periódicamente durante la ejecución del proyecto.
- Deben incluir toda la información relacionada con los avances de ejecución sobre las actividades, los aspectos críticos de gestión, la solución de problemas y todos los aspectos económicos y financieros.

12. Indique qué debe contener un manual operativo.

Debe contener los procedimientos, las actividades, las responsabilidades y las tareas secuenciales y que proporcionen al personal operativo todo el soporte de información que necesita.

13. Relacione cada elemento dentro de la estructura de un manual operativo.

   a. Alcance del proyecto.
   b. Diagrama de flujo.
   c. Diagrama temporal.

   b. Procedimientos técnicos dentro de los capítulos sustantivos.
   c. Cronograma dentro de los capítulos sustantivos.
   a. Aspectos generales dentro de los capítulos sustantivos.

14. Indique cuál de las siguientes afirmaciones es verdadera o falsa.

   a. Un procedimiento dentro de un manual operativo debe contener la descripción del procedimiento y su diagrama correspondiente.

   ☑ **Verdadero**
   ☐ Falso

   b. No es necesario realizar un marcado, rotulación y foliado de los documentos que componen el proyecto.

   ☐ Verdadero
   ☑ **Falso**

   c. El orden secuencial de los documentos se debe establecer desde la fecha más antigua (en primera posición de la carpeta) hasta el documento con fecha más actual (situado en la última posición de la carpeta).

   ☑ **Verdadero**
   ☐ Falso

15. Relacione cada tipo de formato en el que se puede tener un documento electrónico con su correspondiente grupo de formato.

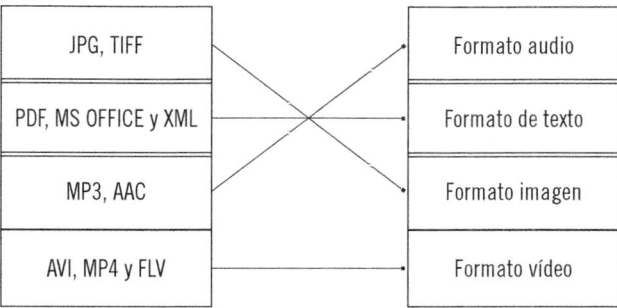

Solucionario Capítulo 3

1. **Indique cuál de las siguientes afirmaciones es verdadera o falsa.**

   a. La documentación de un proyecto tiene como objetivo exponer toda la información sobre el proyecto y garantizar el cumplimiento de las normativas técnicas establecidas.

   ☑ **Verdadero**
   ☐ Falso

   b. Los planos y el pliego de condiciones tienen mayor fuerza legal y son considerados como documentos vinculantes con respecto a los demás documentos que componen el proyecto.

   ☑ **Verdadero**
   ☐ Falso

   c. Para obtener el permiso de instalación de una red telemática solo es necesario presentar la memoria del proyecto.

   ☐ Verdadero
   ☑ **Falso**

2. **Aunque la documentación dependa del tipo de proyecto que se está realizando, ¿cuáles son los documentos comunes a todo proyecto?**

   ▎ Memoria y anexos.
   ▎ Planos.
   ▎ Pliego de condiciones.
   ▎ Presupuesto.

3. **¿Cuál es el objetivo de aplicar la Norma UNE 157001:2014 para la elaboración de documentación en un proyecto?**

   a. Garantizar la calidad en la documentación.
   b. Establecer las características de la documentación.
   c. Definir el conjunto de documentos, modelos y tipos de soporte.
   d. **Todas las opciones son correctas.**

4. **¿Qué ocho documentos básicos exige la Norma UNE 157001:2014? ¿Qué finalidad tiene cada uno de estos ocho documentos?**

I Índice general: indica las partes de la documentación.

I Memoria: nexo de unión entre todos los documentos básicos y describir el objeto del proyecto justificando las soluciones adoptadas.

I Anexos: justificar o aclarar determinados apartados de la memoria u otros documentos de forma complementaria.

I Planos: definir el objeto del proyecto de forma gráfica.

I Pliego de condiciones: establecer las condiciones técnicas, económicas y administrativas para el objeto del proyecto.

I Estado de las mediciones: definir y determinar las unidades de obra que forman en su conjunto la totalidad del producto, obra, instalación, etc.

I Presupuesto: determinar el coste económico del objeto del proyecto con todos los conceptos que influyen en el coste final.

I Estudio con entidad propia: estudios debido a exigencias legales como prevención de riesgos laborales.

5. **Indique cuál de las siguientes fases no corresponde al contenido y la estructura de una memoria.**

    a. Objeto y alcance del proyecto.
    b. **Estado de mediciones.**
    c. Ubicación o emplazamiento.
    d. Todas las opciones son incorrectas.

6. **¿Qué tipo de información puede aportar un anexo técnico?**

    a. **Información sobre dispositivos.**
    b. Información sobre la planificación.
    c. Información sobre el presupuesto.
    d. Todas las opciones son incorrectas.

7. **Complete el siguiente texto.**

Los planos son documentos utilizados para transmitir una **información exacta y concreta** sobre el **sistema en general** o sobre un **elemento en particular**. Deben ser lo suficientemente **descriptivos** para poder ser llevados a la práctica.

8. Indique qué debe incluir un plano según lo establecido en las normas UNE de la serie 1000.

   ▌ Un índice de planos.
   ▌ Indicaciones como símbolos, escalas, rotulación, dimensiones y un cajetín con toda la información referente al plano.

9. ¿Qué tipos de planos se pueden encontrar en la documentación de un proyecto de implantación de redes telemáticas dependiendo de la información que se quiere transmitir? ¿Qué información aporta cada uno?

   ▌ Planos generales: información sobre dimensiones del objeto o sistema de forma aproximada, ya sea de un edificio, planta, oficina, etc.
   ▌ Planos de detalle: información concreta sobre determinados elementos de la red telemática donde se definan los detalles de las conexiones.
   ▌ Esquemas y cuadros de instalación: informan del modo y la forma de interconexión entre los elementos que componen la red.

10. ¿Qué debe contener un pliego de condiciones? ¿Qué importancia contractual tiene un pliego de condiciones?

   Las especificaciones de materiales y elementos que componen el objeto del proyecto, la reglamentación y normativas aplicables y los aspectos del contrato referidos al proyecto

   Fija las condiciones y los requisitos de realización, los derechos, las obligaciones y las relaciones entre el propietario, promotor del proyecto y contratista.

11. ¿Qué tipos de pliegos de condiciones se pueden encontrar en la documentación de un proyecto? ¿Qué características tiene cada uno?

   ▌ Pliego de condiciones generales: describe la forma general sobre el contenido del proyecto, indicando sus características, aspectos administrativos y legales, alcance y objetivo del proyecto.
   ▌ Pliego de prescripciones técnicas particulares: se especifican los materiales y los equipos necesarios, se define el proceso de ejecución y las verificaciones de acuerdo a las normativas vigentes.
   ▌ Pliego de cláusulas administrativas particulares: se determinan los criterios de medición de las obras ejecutadas, su valoración y la forma de abono.

12. **Indique en qué consisten las unidades de obra, los precios de unidades de obra y la medición.**

   Las unidades de obra se definen como cada una de las partes en que puede dividirse el proyecto, de manera que primero se determina el coste total de cada una de las partes (a lo que se denominará precios de unidades de obra) para posteriormente determinar el número de veces que se repite cada unidad de obra, a lo que se denominará medición.

13. **Relacione cada apartado de un presupuesto con su definición.**

   a. Mediciones.
   b. Precios unitarios.
   c. Presupuesto.

   b. Precios correspondientes a los componentes más sencillos y que unidos entre sí forman la unidad de obra.
   c. La suma de todas las unidades de obra que componen el proyecto de implantación de red telemática.
   a. Conjunto de operaciones realizadas sobre cada unidad de obra.

14. **Indique cuál de las siguientes afirmaciones es verdadera o falsa.**

   a. Los precios unitarios se pueden agrupar en tres tipos de conceptos como la mano de obra, la maquinaria y los materiales.

   ☑ **Verdadero**
   ☐ Falso

   b. Los precios unitarios se basan en el valor de mercado de los componentes simples.

   ☑ **Verdadero**
   ☐ Falso

   c. El presupuesto es la suma de toda la maquinaria y los materiales que componen el proyecto.

   ☐ Verdadero
   ☑ **Falso**

15. **¿Qué define y refleja el presupuesto del proyecto de red telemática? ¿Existe alguna normativa para su realización? ¿Por qué es aconsejable dividir en partes el trabajo para realizar el presupuesto?**

El presupuesto define la valoración de los costes sobre la implantación de la red telemática reflejando lo más exactamente posible el importe que conlleva dicha instalación.

No existe normativa aplicable para la elaboración de un presupuesto sobre el proyecto.

Es aconsejable dividir el trabajo según los modelos, los tipos y las dimensiones de cada uno de los elementos que componen la red para especificar el coste de cada una de estas partes.

Solucionario Capítulo 4

1. **Indique cuál de las siguientes afirmaciones es verdadera o falsa.**

   a. La definición del objetivo de un proyecto está directamente relacionada con la necesidad que el cliente propone.

      ☑ **Verdadero**
      ☐ Falso

   b. El alcance solo representa una parte del trabajo necesario que debe realizarse.

      ☐ Verdadero
      ☑ **Falso**

   c. La definición del alcance consiste en analizar el coste del proyecto.

      ☐ Verdadero
      ☑ **Falso**

2. **¿Qué cinco pasos deben realizarse en la gestión del alcance?**

   ▮ Recopilación de requisitos.
   ▮ Definición del alcance.
   ▮ Elaboración de la estructura de descomposición del trabajo (EDT).
   ▮ Validación del alcance.
   ▮ Control del alcance.

3. **¿Qué debe establecerse primero para definir los plazos de duración de un proyecto?**

   a. La actividad más importante del proyecto.
   b. **Establecer el orden de realización y la dependencia de todas las actividades.**
   c. Una fecha de control.
   d. Todas las opciones son correctas.

4. **¿Qué determina el camino crítico en la planificación de un proyecto? ¿Para qué sirven las fechas de control?**

   I Permite determinar el plazo total previsto para la realización del proyecto.
   I Las fechas de control permiten controlar y analizar la situación real del proyecto en comparación con los plazos previstos.

5. **Qué puede provocar el incumplimiento en cuanto a la calidad del producto realizado en el proyecto.**

   a. Aplicación de otras normas de calidad.
   b. Mayor beneficio.
   c. **Inconformidad del cliente y aumento de costes en el proyecto.**
   d. Todas las opciones son incorrectas.

6. **¿En qué herramienta usada para el control de calidad las causas son representadas en diferentes niveles de detalle mediante conexión de ramas?**

   a. Gráfica de Pareto.
   b. **Diagrama causa y efecto.**
   c. Gráficas de control.
   d. Todas las opciones son incorrectas.

7. **Complete el siguiente texto.**

   La gestión de costes del proyecto incluye los **procesos de estimación de costes**, la **determinación del presupuesto** y el **control del coste** para completar el proyecto de red telemática dentro del **presupuesto establecido**.

8. **Indique cuál de las siguientes afirmaciones es verdadera o falsa.**

   a. En la entrevista, los propios miembros del proyecto proporcionan información sobre sus actitudes, opiniones o sugerencias.

      ☐ Verdadero
      ☑ **Falso**

b. El cuestionario es un formulario impreso con el que se obtienen respuestas sobre el problema que es caso de estudio.

    ☑ **Verdadero**
    ☐ Falso

c. En el diagrama de flujo, la persona encargada de la observación debe tener definidos los objetivos que persigue con la observación.

    ☐ Verdadero
    ☑ **Falso**

9. **¿Qué se obtiene realizando las entrevistas individuales o de grupo dentro del desarrollo del proyecto?**

Permite obtener información sobre las necesidades del proyecto y su forma de cumplirlas, obteniendo consejo por parte del usuario y nuevos métodos e ideas.

10. **¿Qué objetivo tiene una reunión con expertos dentro del proyecto de implantación de redes telemáticas?**

La reunión con expertos tiene como objetivo emitir un juicio colectivo y consensuado sobre la evaluación y la evolución sobre uno o varios aspectos del proyecto según sea solicitado.

11. **Indique las características de una estructura de descomposición del trabajo (EDT):**

- Organizar y definir de forma jerárquica toda la estructura de trabajo del proyecto de red telemática.
- Orientada a entregables para cada una de las actividades.
- Facilitar el manejo y el control del trabajo que es necesario llevar a cabo mediante la subdivisión de dicho trabajo.
- La definición más detallada del trabajo se presenta en cada nivel descendente.
- Los niveles más bajos se denominan paquetes de trabajo.
- Es posible programar, monitorizar, presupuestar y controlar los paquetes de trabajo.
- Debe ser elaborada por el equipo de proyecto.

12. Relacione cada etapa con su función:

   a. Técnicas.
   b. Entradas.
   c. Salidas.

   <u>c.</u> Estructura de descomposición del trabajo, diccionario EDT y actualizaciones de documentos.
   <u>b.</u> Requisitos, enunciado del alcance y procesos de organización.
   <u>a.</u> Descomposición del trabajo.

13. ¿Qué es un hito?

Es un acontecimiento puntual y significativo que marca un momento considerado importante en el desarrollo del proyecto.

14. Indique cuál de las siguientes afirmaciones es verdadera o falsa.

   a. En una estrategia de desarrollo descendente, el primer paso es definir las tareas del nivel más alto.

   ☑ **Verdadero**
   ☐ Falso

   b. En una estrategia de desarrollo ascendente, el primer paso es convertir una tarea en tarea resumen.

   ☐ Verdadero
   ☑ **Falso**

   c. En una estrategia de tormenta de ideas, en el último paso de desarrollo se deben eliminar las tareas duplicadas y organizar todas las tareas.

   ☑ **Verdadero**
   ☐ Falso

15. **¿Qué tipo de documentos recogen el alcance de un proyecto de implantación de infraestructura de red telemática?**

- Documento del pliego de prescripciones técnicas.
- Documento de estructura de descomposición del trabajo.
- Documento con la lista de actividades del proyecto.
- Documento para la asignación de tareas y su responsable.
- El cronograma de tareas.
- Documento de plan de entregas sobre las tareas.

Solucionario Capítulo 5

1. **Indique cuál de las siguientes afirmaciones es verdadera o falsa.**

   a. La utilización del diagrama de Gantt es adecuado para proyectos con pocas actividades.

      ☑ **Verdadero**
      ☐ Falso

   b. En el método de la ruta crítica los tiempos de las actividades son proba-bilísticos.

      ☐ Verdadero
      ☑ **Falso**

   c. Una de las ventajas de usar las técnicas basadas en la teoría de grafos es detectar las actividades críticas del proyecto.

      ☑ **Verdadero**
      ☐ Falso

2. **¿Qué es la optimización de tiempos y costes dentro de un proyecto?**

   La duración de cada actividad que compone un proyecto dependerá de la asignación de recursos sobre ella para su ejecución. Estos recursos pueden homogeneizarse en función del coste expresado en unidades monetarias y, por tanto, variando los recursos (coste de actividad) se puede variar su duración.

   Es posible disminuir los plazos de ejecución de una actividad mediante el aumento del coste, basándose en el aumento de recursos que serán necesarios utilizar para producir una aceleración sobre la ejecución.

3. ¿Qué es una tabla de decisión?

a. La descomposición de tareas del proyecto.
b. La unión entre tareas secuencialmente representadas de forma gráfica.
c. Herramienta que sintetiza los procesos en los que se establecen un conjunto de condiciones y acciones a llevar a cabo.
d. Todas las opciones son correctas.

4. ¿Qué es un cronograma de entregables?

Es un documento modelo que define los hitos establecidos durante la ejecución del proyecto y su correspondiente diagrama de barras.

5. Un hito se define como...

a. ... un evento que indica el tipo de precedencia entre dos actividades.
b. ... una tarea de duración cero que representa la consecución de un logro o meta dentro del proyecto.
c. ... una actividad que se representa con línea discontinua dentro de la red de actividades.
d. Todas las opciones son incorrectas.

6. ¿Cuál es el objetivo principal del método PERT?

a. Optimizar el tiempo de ejecución del proyecto.
b. Optimizar los costes.
c. Optimizar los costes y el control de la ejecución.
d. Todas las opciones son incorrectas.

7. Complete el siguiente texto.

Para realizar el procedimiento de estimación del proyecto se puede recurrir al **asesoramiento de expertos en la materia del proyecto** externos o internos a la empresa y recopilar toda la información basada en la **analogía de otros proyectos** realizados con anterioridad.

8. **¿En qué consiste la estimación en la asignación de recursos?**

En las asociaciones que se establecen entre las tareas específicas que se deben realizar en un proyecto y los recursos necesarios para llevar a cabo las actividades.

9. **¿Qué dos tipos de recursos deben tenerse en cuenta dentro del proyecto? ¿En qué consiste cada uno de ellos?**

I Tipo humano: definido como el conjunto de personas involucradas en el proyecto.
I Tipo material: definido como el equipamiento necesario para llevar a cabo el proyecto.

10. **¿Qué es una hoja de estimación de recursos y una matriz de recursos?**

I Una hoja de estimación de recursos es un documento representativo de las actividades que se van a realizar durante el proyecto donde se reflejan el conjunto de actividades, el rol de cada persona, la estimación de tiempo para cada actividad y los recursos materiales necesarios.
I Una matriz de recursos es un documento que establece el vínculo entre los recursos humanos y los materiales necesarios para cada una de las actividades del proyecto.

11. **Indique los tipos de documentos que se pueden realizar para llevar a cabo la estimación de costes de un proyecto de implantación de una red telemática.**

I Tabla de costes por etapa.
I Tabla de costes de recursos humanos.
I Tabla de costes de materiales.
I Tabla de costes total.
I Diagrama de costes.
I Gráficas de distribución de costes por etapas y porcentaje.

12. **Indique el objetivo de la programación de un proyecto.**

Fijar los plazos y los recursos necesarios para poder realizar las correspondientes tareas del proyecto estableciendo un calendario de desarrollo, fechas de inicio y fecha final para cada tarea.

13. Relacione cada coste con su grupo según el tipo de coste.

    a. Humanos.
    b. Material.
    c. Equipamiento.
    d. Costes indirectos.

    d. Viajes de comercialización del proyecto.
    a. Ingeniero de telecomunicaciones.
    c. Alquiler de un equipo de pruebas.
    b. Cable de red UTP.

14. Indique cuál de las siguientes afirmaciones es verdadera o falsa.

    a. El límite inferior en la relación duración-coste indica que asignando más recursos se seguirá disminuyendo la duración de actividades del proyecto.

        ☐ Verdadero
        ☑ **Falso**

    b. El límite superior indica que por mucho que se alargue la duración de la actividad es necesario asignar unos recursos mínimos.

        ☑ **Verdadero**
        ☐ Falso

    c. Los costes directos de mano de obra se determinan multiplicando los salarios de cada trabajador por el tiempo que se espera dediquen a la actividad del proyecto.

        ☑ **Verdadero**
        ☐ Falso

15. ¿Qué tipos de ajustes se pueden realizar dentro del proyecto de implantación de una red telemática?

I Ajuste de tiempos sobre las tareas reduciendo los tiempos y asignando mayor número de recursos.

I Ajuste de tiempos sobre el proyecto reduciendo la duración de la secuencia establecida.

I Ajuste sobre la asignación de recursos estableciendo un equilibrio en los recursos infrautilizados.

Ejecución de proyectos de implantación de infraestructuras de redes telemáticas

Solucionario Capítulo 1

1. **Dentro de los aspectos que se analizan en el control se encuentra/n...**

    a. ... la calidad.
    b. ... la temporalización.
    c. ... los costes.
    d. **Todas las opciones son correctas.**

2. **¿Quién es el encargado de llevar a cabo correctamente el seguimiento y control del proyecto?**

    a. **El jefe de proyecto.**
    b. El responsable de recursos humanos.
    c. El responsable del almacén.
    d. Las personas encargadas de llevar a cabo el trabajo asignado.

3. **El elemento que interviene en la gestión de los proyectos y que está orientado a la toma de decisiones es:**

    a. **El control.**
    b. El seguimiento.
    c. La planificación.
    d. La selección de personal.

4. **Enumere al menos tres características que debe incluir la fase de control de un proyecto.**

Posibles respuestas:

- Adaptarse a la organización y al equipo de trabajo.
- Adecuarse al proyecto y a la información que se desea controlar.
- Asumir que el proyecto influye en el funcionamiento de la empresa y que el control se lleva a cabo sobre todas las etapas que lo conforman.
- Usar la creatividad mediante el establecimiento de los indicadores más apropiados que puedan evaluar el desarrollo del proyecto y lograr su consecución.

I Ser efectivo controlando los procesos con las técnicas más adecuadas y los recursos específicos para ello.

I Flexibilizarse de forma que pueda provocar cambios en aquellos aspectos que están influyendo negativamente en el proyecto.

I Motivar para lograr la consecución del proyecto y los objetivos planteados en el mismo.

I Ser periódico y llevarse a cabo conforme a las condiciones establecidas inicialmente.

I Ser selectivo, focalizándose en los elementos críticos o que puedan conseguir que el proyecto no se lleve a cabo en cualquiera de los aspectos establecidos, como plazos, costes, etc.

5. Ordene las fases por la que pasa el control del proyecto:

<u>**a.**</u> Determinación y planificación

<u>**g.**</u> Correcciones y ajustes

<u>**d.**</u> Observación

<u>**c.**</u> Implementación

<u>**b.**</u> Organización de los recursos

<u>**e.**</u> Medición

<u>**f.**</u> Control

6. ¿Cómo se denomina el proceso que consiste en la monitorización y evaluación de los aspectos que intervienen en el desarrollo de un proyecto para tratar de evitar la aparición de errores?

Seguimiento

7. ¿Qué estrategia permite conocer el estado del proyecto con respecto a la planificación inicial?

a. El control de presupuesto

b. El diagrama de Gantt

c. Los informes de situación

d. Las reuniones de seguimiento

8. Indique los tres tipos de planes que encargados de evaluar el desarrollo de un proyecto.

  ▌ Plan previsto
  ▌ Plan programado
  ▌ Plan real

9. ¿Cómo se denomina el plan en el que se recogen datos relacionados con los trabajos que se deben llevar a cabo desde un punto de vista teórico?

Plan previsto o línea de base

10. El trabajo que se define como la suma del trabajo realizado y del restante es:

  a. El trabajo efectivo.
  b. El trabajo ejecutado.
  c. El trabajo previsto.
  d. **El trabajo programado.**

11. ¿Dentro de qué apartado se definen los tiempos en los que deben realizarse las actividades?

  a. Etapa de ejecución de tareas
  b. Etapa de evaluación del proyecto
  c. **Etapa de asignación de tareas**
  d. Etapa de selección del equipo de trabajo

12. Las verificaciones y controles que se lleven a cabo en un proyecto deben...

  a. ... ayudar a seleccionar el equipo de trabajo.
  b. ... asegurar la viabilidad del proyecto.
  c. ... realizarse por parte del jefe de proyecto.
  d. **... ser adecuadas a la actividad y al proyecto.**

13. Cite al menos tres aspectos que se evalúan al realizar el seguimiento de un proyecto.

Posibles respuestas:

- Fecha real de inicio de la tarea.
- Tiempo invertido hasta la fecha en la que se lleva a cabo el seguimiento.
- Estimación del tiempo restante para finalizar la tarea.
- Porcentaje de realización.
- Incidencias encontradas hasta el momento del seguimiento.

14. ¿Cómo se denomina al evento o circunstancia que tiene una influencia negativa en el desarrollo del proyecto?

Incidencia.

15. Indique tres aspectos que se recogen en una incidencia.

- La fecha de la incidencia.
- La(s) causa (s) que la han provocado.
- Los síntomas previos a la aparición de la incidencia.
- La ubicación en la que se ha producido.
- Los datos de la persona que la ha notificado.

Solucionario Capítulo 2

1. La sucesión cronológica de las actividades que deben seguirse para llevar a cabo una tarea se denomina:

   a. **Procedimiento**
   b. Proceso
   c. Protocolo
   d. Temporalización

2. ¿Qué norma internacional establece los requisitos que debe cumplir un sistema de gestión de calidad?

   a. ISO 9000:2000
   b. ISO 9000:2014
   c. **ISO 9001:2000**
   d. ISO 9001:2020

3. El elemento que debe incorporarse en todos los procedimientos es:

   a. **El encabezado.**
   b. El logotipo de la empresa.
   c. La descripción del protocolo.
   d. La planificación.

4. Enumere al menos tres elementos que deben recogerse en un listado de actividades de un procedimiento.

   Posibles respuestas:

   - Definición de las tareas que se van a llevar a cabo.
   - Secuenciación de las actividades que desarrollar.
   - Estimación de los recursos necesarios para llevarlas a cabo.
   - Estimación de la duración de los trabajos.
   - Restricciones o condicionantes que puedan surgir.
   - Actualización y evaluación de la idoneidad de la secuenciación de tareas.

5. **El elemento encargado de representar el orden en el que deben llevarse a cabo las acciones recogidas en el procedimiento es:**

    a. El diagrama de Gantt.
    b. El diagrama de seguimiento.
    c. El diagrama de acción.
    d. **El diagrama de flujo.**

6. **¿Qué información debe recogerse en el procedimiento?**

    ▌ Objeto del procedimiento o finalidad que se persigue.
    ▌ Su alcance o ámbito de aplicación, si es nuevo o corrige uno existente.
    ▌ Descripción detallada del motivo por el que se genera el procedimiento y las actividades que se deben llevar a cabo en el mismo.
    ▌ Responsables de realizar las actividades recogidas en el mismo.
    ▌ Documentación, normativas, anexos, fichas, plantillas, etc.
    ▌ Términos y definiciones utilizadas en el documento.
    ▌ Formularios y fichas que se utilizan y cumplimentan en la toma de datos.

7. **¿Cómo se denomina el elemento que trata de conseguir que una persona sea capaz de llevar a cabo una acción determinada?**

    Capacitación.

8. **La copia encargada de guardar un registro de personas a las que se les ha entregado el procedimiento se denomina...**

    a. No controlada
    b. **Controlada**
    c. Asegurada
    d. Registrada

9. **Indique los tres tipos de tipologías de red que se pueden encontrar de acuerdo con su alcance.**

    ▌ Redes de área extensa (WAN - *wide area network)*
    ▌ Redes de área metropolitana (MAN - *metropolitan area network)*
    ▌ Redes de área local (LAN - *local area network)*

10. La transmisión en la que se pueden enviar los datos en ambos sentidos, pero hay que esperar a que finalice la transmisión para volver a enviar los datos es:

    a. La transmisión *top duplex*.
    b. La transmisión simple.
    c. La transmisión *full duplex*.
    d. La transmisión *half duplex*.

11. ¿Cómo se denomina la topología de una red en la que todos los equipos se conectan a un nodo central, que actúa como servidor?

    a. De anillo
    b. De árbol
    c. De estrella
    d. Híbrida

12. **Explique la diferencia existente entre la verificación básica y del medio de transmisión.**

La diferencia existente entre ambas verificaciones es que en la del medio de transmisión se comprueban los latiguillos que intervienen en la interconexión de los equipos y en la verificación básica se excluyen estos elementos de la verificación.

13. El mantenimiento encargado de garantizar el correcto funcionamiento de los equipos es:

    a. El mantenimiento analítico.
    b. El mantenimiento procedimental.
    c. El mantenimiento preventivo.
    d. El mantenimiento correctivo.

14. La incorporación de los procedimientos en la gestión empresarial ayuda a...

    a. ... reducir los costes.
    b. ... aumentar la productividad.
    c. ... mejorar la capacidad de respuesta.
    d. Todas las opciones son correctas.

15. Indique cuál de las siguientes etapas corresponde con la definición y establecimiento de un procedimiento.

    a. Preparación de la documentación
    b. Secuenciación de las actividades
    c. Distribución
    d. Todas las opciones son correctas.

Solucionario Capítulo 3

1. Un elemento fundamental para que funcionen las redes de telecomunicaciones es...

    a. ... el servicio de asistencia técnica.
    b. ... el suministro eléctrico.
    c. ... internet.
    d. ... los equipos de medida.

2. ¿Qué artículo del REBT clasifica los tipos de suministro?

    a. El artículo 1
    b. El artículo 10
    c. El artículo 17
    d. El artículo 25

3. El suministro que llevan a cabo las empresas distribuidoras para satisfacer las necesidades de sus clientes es...

    a. ... el suministro complementario.
    b. ... el suministro de seguridad.
    c. ... el suministro empresarial.
    d. ... el suministro normal.

4. Enumere la clasificación de los tipos de suministro complementarios atendiendo al porcentaje de suministro normal.

    ▪ Si mantiene un 15 % del suministro normal es un suministro de socorro.
    ▪ Si mantiene un 25 % del suministro normal es un suministro de reserva.
    ▪ Si mantiene un 50 % del suministro normal es un suministro de duplicado.

5. Las magnitudes eléctricas fundamentales se relacionan entre ellas mediante...

    a. ... la ley de causa - efecto.
    b. ... la ley de Gantt.
    c. ... la ley de Joule.
    d. ... la ley de Ohm.

6. Defina la Ley de Ohm.

"La corriente que atraviesa un circuito eléctrico es directamente proporcional a la tensión aplicada e inversamente proporcional a la resistencia que presenta dicho circuito".

7. ¿Cómo se denomina la magnitud que cuantifica la diferencia de potencial entre dos puntos?

a. Resistencia
b. Voltaje
c. Intensidad
d. Impedancia

8. Defina lo que se entiende por impedancia.

La resistencia que presenta un cuerpo al ser atravesado por una corriente eléctrica, debida al propio material y a los campos magnéticos que les afectan.

9. Indique los cuatro aspectos que debe cumplir un aparato de medida.

▌ Apreciación: medida más pequeña que el equipo es capaz de medir.
▌ Exactitud: característica del equipo de medida que asegura que el valor medido se encuentra próximo al real.
▌ Precisión: capacidad del equipo de medida de mostrar el mismo valor cuando se realizan diferentes mediciones sin cambiar las condiciones de esta.
▌ Sensibilidad: relación entre la medida indicada y la medida real.

10. Para medir el voltaje existente entre dos puntos el equipo de medida se debe conectar...

a. ... en paralelo con el circuito que se va a medir.
b. ... en serie con el circuito que medir.
c. ... mediante una resistencia intermedia.
d. ... mediante una sonda de control.

11. El equipo capaz de detectar problemas de cortocircuitos y fugas de corriente antes
de que se produzcan es...

    a. ... el voltímetro.
    b. ... el amperímetro.
    c. ... el medidor de aislamiento.
    d. ... el medidor de inductancias y capacitancias.

12. Indique las cuatro medidas más habituales que se pueden llevar a cabo usando un
multímetro.

    ▌ Tensión en corriente alterna (c.a.) y continua (c.c.) (si se mide la tensión
en un equipo de corriente continua se debe tener cuidado con la polaridad
del terminal)
    ▌ Intensidades en corriente alterna y continua
    ▌ Resistencias
    ▌ Frecuencia
    ▌ Capacidad de condensadores
    ▌ Diodos, tiristores y continuidad
    ▌ Temperatura (mediante sondas)

13. El fenómeno físico que produce calor en un cuerpo cuando este es atravesado por
una corriente eléctrica se conoce como...

    a. ... la ley de Faraday
    b. ... el efecto Gantt
    c. ... el efecto Joule
    d. ... la ley de Ohm

14. Los fusibles deben colocarse siempre...

    a. ... en posición vertical.
    b. ... después del equipo de medida.
    c. ... antes de los equipos al que protegen.
    d. ... al comienzo del circuito.

15. **El elemento de protección que protege a las personas contra las descargas tanto directas como indirectas es...**

    a. ... el amperímetro.
    b. ... los fusibles.
    c. ... el interruptor magnetotérmico.
    d. ... el interruptor diferencial.

 Solucionario Capítulo 4

1. **En la proyección y ejecución de las instalaciones de telecomunicaciones, se deben tener en cuenta...**

   a. **... las normativas eléctricas y de telecomunicaciones.**
   b. ... las normativas eléctricas.
   c. ... las normativas de telecomunicaciones.
   d. ... las normativas de seguridad de las instalaciones.

2. **¿Qué norma internacional establece los requisitos que debe cumplir un sistema de cableado?**

   a. ISO 18101:2022
   b. ISO 11801:2022
   c. **ISO 11801:2018**
   d. ISO 18101:2018

3. **Indique las agrupaciones en las que se establece la normativa que regula la compatibilidad electromagnética.**

   I Normativa genérica: se aplica a todos los productos en el caso de que carezcan de normativa de familia o de producto.
   I Normativa de familia: se aplica a todos os productos que pertenezcan a un mismo grupo.
   I Normativa de producto: se aplica a un producto específico.

4. **Enumere los aspectos contra incendios que trata de evitar el cableado estructurado.**

   I Propagación: Las cubiertas pueden transmitir la llama.
   I Generación de humos: El humo y los gases generados por las cubiertas del cable pueden ser tóxicos, corrosivos o reducir la visibilidad de las personas y equipos de salvamento que acuden a su extinción.
   I Interrupción del servicio: Puede que dejen fuera de servicio los sistemas de alarma, cierre automático de puertas, etc.

5. **Indique cuál de los siguientes elementos tiene la capacidad únicamente de compro-bar la integridad de los cables.**

    a. El reflector de dominio
    b. El comprobador de cableado
    c. El comprobador de flujo
    d. El comprobador de continuidad

6. **Indique al menos tres de los parámetros que se miden al realizar una certificación de un cableado.**

    ▌ Continuidad: identifica si hay alguna ruptura en el cableado.
    ▌ Mapeado: comprueba si existe algún cortocircuito entre los cables.
    ▌ Resistencia: mide la resistencia del cable entre sus extremos.
    ▌ Longitud: define la longitud del cableado que se está certificado. No puede superarse la longitud máxima establecida en el estándar.
    ▌ Atenuación: pérdida de la señal debida a la resistencia del elemento conductor.
    ▌ Diafonía: interferencia que se crea debido a los campos magnéticos.
    ▌ Pérdida por retorno: debida a la impedancia que existe en el circuito.

7. **Indique al menos tres aspectos que se persiguen al estandarizar las instalaciones de telecomunicaciones.**

    ▌ Facilitar las tareas de mantenimiento y reparación de las averías.
    ▌ Integrar distintas tipologías de cableado.
    ▌ Ofrecer libertad de elección de proveedores y fabricantes de equipos.
    ▌ Permitir la ampliación de la instalación fácilmente.
    ▌ Posibilitar una alta cantidad de cables ordenados.
    ▌ Verificar el funcionamiento de los equipos que integran la instalación.

8. **El cableado estructurado...**

    a. ... no debe documentarse, ya que depende de la instalación de cada usuario.
    b. ... debe ser común para todos los usuarios.
    c. ... debe ser independiente para cada usuario.
    d. ... puede llevarse a cabo por cualquier persona sin conocimientos en la materia.

9. En el cableado estructurado NO está permitido...

    a. ... el uso de rotuladores permanentes para etiquetar el cableado.
    b. ... el uso de conductores de categoría inferior a la 8.
    c. ... realizar empalmes en los conductores.
    d. ... el uso de cableado de fibra óptica.

10. El término que se refiere a la columna vertebral de la instalación en el cableado estructurado es:

    a. Acometida descendente, si su sentido es de arriba hacia abajo.
    b. Acometida ascendente, si su sentido es de abajo hacia arriba.
    c. *Patch panel.*
    d. *Backbone.*

11. Los medios en los que las ondas se transmiten de manera inalámbrica se denominan...

    a. ... medios confinados.
    b. ... medios direccionales.
    c. ... medios no confinados.
    d. ... medios topológicos.

12. Establezca el orden de colores que debe respetarse en un cable de pares trenzados en el que se quiere utilizar la norma EIA/TIA/568A.

Cable 1	Blanco /verde	Cable 2	Verde
Cable 3	Blanco / naranja	Cable 4	Azul
Cable 5	Blanco / azul	Cable 6	Naranja
Cable 7	Blanco / marrón	Cable 8	Marrón

13. Cuanto mayor sea la longitud del medio...

    a. ... mayor será la categoría del cable que haya que instalar.
    b. ... menor será la atenuación de la señal.
    c. ... mayor será la atenuación de la señal.
    d. ... mayor será la velocidad de transmisión.

14. ¿Qué categoría de cable de pares trenzados no se recomienda actualmente porque no puede garantizar la velocidad de los equipos actuales?

    a. Categoría 8
    b. Categoría 7
    c. Categoría 6
    d. Categoría 5 o inferiores

15. La parte de cableado comprendida entre la toma del puesto de trabajo y el *patch panel* se denomina...

    a. ... área de trabajo.
    b. ... secuenciación.
    c. ... canal.
    d. ... enlace permanente.

Solucionario Capítulo 5

1. **En las redes de telecomunicaciones mayoritariamente las averías se deben a...**

   a. **... los equipos.**
   b. ... el cableado.
   c. ... las normativas.
   d. ... el personal técnico.

2. **Las averías físicas se deben...**

   a. ... al desgaste de los componentes.
   b. ... al cableado estructurado.
   c. ... a los agentes externos.
   d. **Las opciones a y c son correctas.**

3. **Indique cuál es la ventaja que presenta el cableado estructurado en la reparación de las averías.**

   Permite aislar las partes de la instalación para analizar de manera independiente cada una de ellas.

4. **Indique qué tipo de averías físicas son las más habituales.**

   Las averías físicas más habituales son las debidas a la excesiva presión, al aplastamiento del cableado y a que este se estira demasiado.

5. **El elemento fundamental para resolver las averías debidas a un sistema de cableado es...**

   a. ... el proyecto de la instalación.
   b. ... los manuales de los equipos.
   c. ... el voltímetro.
   d. **... el plano de la instalación.**

6. Las averías lógicas son las que se deben...

    a. ... al cableado de la instalación.
    b. ... a la ubicación de los equipos.
    c. ... al tiempo de encendido de los equipos.
    d. ... a los equipos y su configuración.

7. Indique al menos tres comandos que se utilizan en la resolución de las averías lógicas.

Ping, traceroute, netstat, arp.

8. La avería que trata las funcionalidades de la red de telecomunicaciones es:

    a. La avería parcial
    b. La avería especial
    c. La avería reducida
    d. La avería crítica

9. El primer paso que se debe realizar antes de comenzar a reparar una avería es:

    a. Seleccionar las herramientas.
    b. Analizar el problema.
    c. Definir el problema.
    d. Describir el problema.

10. Los diagramas que relacionan las causas y los efectos se denominan...

    a. ... diagramas relacionales.
    b. ... diagramas de Gantt.
    c. ... diagramas de estado.
    d. ... diagramas Ishikawa.

11. Las herramientas de diagnóstico de *hardware* están destinadas a comprobar...

    a. ... el cableado vertical.
    b. ... la topología de la red.

c. ... los equipos de la instalación.

d. ... el cableado de la instalación.

12. **Indique las etapas que hay que seguir para realizar un diagrama de Ishikawa.**

I Seleccionar la problemática que se quiere analizar.

I Realizar un diagrama en blanco en el que se recoja únicamente la estructura.

I Describir brevemente el problema.

I Establecer las posibles causas que han provocado la avería.

I Relacionar y agrupar las causas.

I Preguntarse el porqué de cada causa tantas veces como se quiera profundizar en ellas (aunque no es recomendable hacerlo más de tres veces).

I Comenzar a implantar las acciones más sencillas de implementar y que tengan un mayor impacto.

13. **Para la resolución de las averías, se pueden utilizar...**

a. ... herramientas de *software.*

b. ... herramientas manuales.

c. ... herramientas de *hardware.*

d. **Las opciones a y c son correctas.**

14. **Para medir la diferencia de potencial entre dos puntos se debe utilizar...**

a. ... un comprobador de señal.

b. ... un medidor de continuidad.

c. ... un amperímetro.

d. **... un voltímetro.**

15. **El equipo que incorpora la posibilidad de medir diferentes magnitudes eléctricas es:**

a. El comprobador de cableado.

b. El medidor de señales.

c. El analizador de redes.

d. **El téster o polímetro.**

Solucionario Capítulo 6

1. La calidad de un producto o servicio permite asegurar que...

   a. ... es superior al resto de productos.
   b. ... es inferior al resto de productos.
   c. ... es igual al resto de productos.
   d. Las opciones a y c son correctas.

2. La calidad debida al personal que realizar los trabajos es la calidad...

   a. ... programada.
   b. ... realizada.
   c. ... exigida.
   d. ... requerida.

3. Indique las tres características que debe cumplir la calidad.

   ▌ Se debe garantizar en la adquisición de los dispositivos y en la ejecución
   de los trabajos.
   ▌ Se establece de acuerdo con las necesidades y expectativas del cliente final.
   ▌ Es responsabilidad de todos los departamentos y personas que intervienen
   en el desarrollo de los trabajos, desde el diseño de proyecto hasta su ejecución y puesta en marcha.

4. Las condiciones que debe cumplir un sistema de telecomunicaciones son...

   a. ... garantía, fiabilidad y respeto.
   b. ... honestidad, certeza y comunicación.
   c. ... accesibilidad, habilidad, profesionalidad.
   d. Todas las opciones son correctas.

5. **Indique qué se debe hacer si al comenzar a implantar un sistema de gestión de la calidad no se pueden cumplir todos los aspectos indicados en la norma.**

En caso de que no se puedan cumplir todos los requisitos, se debe recoger este incumplimiento en un documento de acuerdo con las condiciones establecidas en dicha norma UNE-EN ISO 9001.

6. **La normativa reguladora de la calidad de los productos es:**

      a. UNE-EN ISO 16000
      b. UNE-EN ISO 9014
      c. UNE-EN ISO 9024
      d. UNE-EN ISO 9004

7. **Indique cuáles son los elementos clave cuando se pretende instaurar un sistema de gestión de la calidad.**

La planificación y el compromiso por parte de todas las partes implicadas en llevarlo a cabo.

8. **¿Cuál es la etapa dentro de la planificación de la calidad en la que se define la misión de la empresa?**

      a. Los objetivos.
      b. Los planes.
      c. El análisis externo e interno.
      d. La política de la calidad.

9. **El siguiente paso que se debe dar una vez realizado el aseguramiento de la calidad es:**

      a. La selección de las herramientas de calidad.
      b. El análisis de los parámetros de calidad.
      c. El control de calidad.
      d. La descripción de calidad.

10. **La medición del grado de conformidad de acuerdo con el análisis de un número de muestras aleatorias se define como...**

    a. ... prevención.
    b. ... causas especiales.
    c. ... casos de estudio.
    d. **... muestreo.**

11. **Indique cuál de las siguientes opciones NO es una herramienta para evaluar la calidad de los procesos.**

    a. El diagrama de Scatter
    b. El diagrama de Pareto
    c. **El diagrama de Gantt**
    d. El diagrama de Ishikawa

12. **Indique tres herramientas que se pueden utilizar para evaluar la calidad de los procesos.**

    ▪ Hojas de recogida de datos
    ▪ Histogramas
    ▪ Diagramas de Pareto
    ▪ Diagramas de causa/efecto (Ishikawa)
    ▪ Análisis por estratificación
    ▪ Diagramas de dispersión (Scatter)
    ▪ Gráficas de control

13. **Indique los momentos en los que se lleva a cabo el control de la calidad en las empresas que controlan todo el proceso productivo.**

    ▪ Inspección de la recepción: inspección que se lleva a cabo cuando los productos entran en la empresa antes de incorporarse a la cadena de producción o montaje.
    ▪ Inspección en proceso: inspección mientras los productos se están montando o transformando en la cadena de producción.
    ▪ Inspección final: inspección final una vez finalizada la fabricación de los productos y antes de entregárselos al cliente.

14. Un gráfico de control debe ser...

     a. ... personalizado.
     b. ... visual.
     c. ... práctico.
     d. Todas las opciones son correctas.

15. El elemento característico de los diagramas de Pareto es:

     a. El color
     b. Las columnas verticales
     c. Las columnas horizontales
     d. El rango

Solucionario Capítulo 7

1. En un plan de seguridad se definen...

a. ... la secuencia de las operaciones a llevar a cabo.
b. ... los plazos de ejecución del proyecto.
c. ... las medidas que implantar para minimizar los riesgos.
d. Las opciones a y c son correctas.

2. Indique tres de los objetivos que persigue un plan de seguridad.

▌ Prevenir los accidentes laborales, que pueden tener consecuencias graves para la salud de los trabajadores y que repercutan en la productividad y rentabilidad de la empresa.

▌ Preservar la salud de los trabajadores, mediante el cuidado de la higiene industrial, el estrés laboral, la exposición a productos nocivos, la carga física o mental, etc.

▌ Fomentar la cultura de la prevención de riesgos en la empresa, reforzando el compromiso de todas las personas trabajadoras en la identificación, cumplimiento y control de los riesgos laborales de manera proactiva.

▌ Cumplimiento de la normativa en materia de prevención de riesgos, actualizando el plan de acuerdo con las necesidades y cambios que se produzcan tanto legalmente como en los procesos que lleve a cabo la empresa.

▌ Reducción de los costes, directos e indirectos, que se asocian a las enfermedades profesionales y a los accidentes laborales.

3. Los costes directos se relacionan con...

a. ... la pérdida de productividad.
b. ... el coste de las indemnizaciones.
c. ... la gestión de los recursos.
d. ... la gestión de los procesos.

4. La Ley de Prevención de Riesgos Laborales se establece en...

a. ... el Real Decereto1215/1997.
b. ... la Orden 9/1971.

c. ... el Real Decreto 39/1997.

d. ... la Ley 31/1995.

5. **Indique cinco medidas que se deben aplicar para garantizar la seguridad del personal.**

   ▌ Eludir los riesgos.
   ▌ Analizar los riesgos que no se puedan evitar.
   ▌ Atacar los riesgos en el origen.
   ▌ Adecuar el trabajo a la persona.
   ▌ Tener en cuenta la evolución de las técnicas.
   ▌ Sustituir los procesos peligrosos por otros que supongan un menor o nula peligro para las personas.
   ▌ Planificar la prevención teniendo en cuenta las técnicas, la organización y las condiciones del trabajo, las relaciones sociales y los factores ambientales en el trabajo.
   ▌ Implantar medidas que primen la protección colectiva frente a la individual.
   ▌ Formar e informar a las personas trabajadoras en aquellos aspectos relacionados con la prevención relativa al puesto desempeñado.
   ▌ Tener en cuenta las capacidades profesionales en materia de prevención en el momento de asignarles los trabajos que llevar a cabo.

6. **El plan de seguridad debe recoger...**

   a. ... la identificación y organización de las actividades y los riesgos.
   b. ... el control de los procedimientos y los riesgos.
   c. ... la planificación y las medidas que implantar.
   d. Todas las opciones son correctas.

7. **Indique cuáles son los contenidos mínimos que debe incluir un plan de seguridad y salud.**

   ▌ Identificación
   ▌ Contenido básico
   ▌ Puntos adicionales

8. Indique cuál de las siguientes opciones NO es una ventaja en el uso de herramientas informáticas para el seguimiento de un plan de seguridad.

    a. Alertas en tiempo real
    b. Centralización de datos
    c. Gestión de auditorías
    d. Aumento de los incidentes

9. Los equipos de protección individual...

    a. ... deben adquirirlos los trabajadores.
    b. ... están destinados a utilizarse por distintas personas.
    c. ... deben facilitarse gratuitamente por el empresario.
    d. ... no deben incorporar el marcado CE.

10. Indique tres aspectos que determina el artículo 23 de la Ley 31/1995 con respecto al empresario.

    ▌ Elaborar y conservar el plan de prevención de riesgos laborales.
    ▌ Evaluar los riesgos para la seguridad y la salud en el trabajo.
    ▌ Planificar la actividad preventiva, incluidas las medidas de protección y de prevención que adoptar.
    ▌ Controlar el estado de salud de los trabajadores.
    ▌ Almacenar un listado de accidentes de trabajo y enfermedades profesionales que hayan causado al trabajador una incapacidad laboral superior a un día de trabajo.

11. Entre los riesgos debidos al entorno interior NO se encuentra...

    a. ... atrapamiento de extremidades.
    b. ... incendio o explosión.
    c. ... impacto de partículas.
    d. ... vuelco de maquinaria.

12. **Entre las medidas preventivas contra el riesgo de caídas a distinto nivel se encuentran...**

    a. ... uso de mascarillas respiratorias.
    b. ... uso de guantes anticorte.
    c. ... uso de escaleras de madera.
    d. **... uso de barandillas y redes de protección.**

13. **Indique cuatro medidas preventivas que implantaría en su trabajo para evitar los cortes y los pinchazos.**

    ▌ No retirar las protecciones de las máquinas.
    ▌ Utilizar guantes de protección mecánica o eléctrica, según los trabajos que realizar.
    ▌ Utilizar las herramientas para el uso para el que se han diseñado.
    ▌ Eliminar las herramientas en mal estado.
    ▌ Mantener las herramientas regularmente.
    ▌ Utilizar los equipos de protección adecuados.

14. **Un informe de no conformidad debe...**

    a. ... recoger la mayor cantidad de información posible.
    b. ... incorporar la fecha del incumplimiento y la de la resolución.
    c. ... incluir las medidas tomadas para solucionarla.
    d. **Todas las opciones son correctas.**

15. **La capacitación del personal es:**

    a. Obligatoria en el caso de que se acceda a contratos públicos.
    b. Opcional si la persona trabajadora supera los 20 años de experiencia.
    c. Obligatoria si la empresa dispone de un sistema de calidad.
    d. **Una inversión que contribuye a la mejora del desarrollo profesional del trabajador y redunda en la empresa.**

Equipos de interconexión y servicios de red

Solucionario Capítulo 1

1. Escriba la máscara de subred que corresponde a cada una de las siguientes direcciones IP:

   a. 10.10.250.1   **255.0.0.0**
   b. 1.1.10.50   **255.0.0.0**
   c. 134.125.34.9   **255.255.0.0**
   d. 189.210.50.1   **255.255.0.0**

2. Rellene la siguiente tabla relativa a las direcciones IP privadas.

Clase	Intervalo de direcciones
A	10.0.0.0 a **10.255.255.255**
B	172.16.0.0 a 172.31.255.255
C	**3.168.0.0** a 192.168.255.255

3. Señale si la siguiente afirmación es verdadera o falsa: "Las direcciones con la parte del *host* a cero se emplean para definir la red en la que se ubican".

   ☑ **Verdadero**
   ☐ Falso

4. ¿De qué capas se compone el protocolo TCP/IP?

   ▮ Capa de acceso a la red.
   ▮ Capa de Internet.
   ▮ Capa de transporte.
   ▮ Capa de aplicación.

5. Los protocolos ICMP, ARP o RARP pertenecen a la _____
del protocolo TCP/IP.

        a. Capa de acceso a la red.
        b. Capa de Internet.
        c. Capa de transporte.
        d. Capa de aplicación.

6. **Señale en qué partes se dividen globalmente los datagramas IPv4.**

        a. Cabecera.
        b. Flujo.
        c. Paquetes.
        d. Carga útil.

7. **Relacione los siguientes protocolos con la función que realizan:**

        a. Convierte URL en direcciones IP y viceversa.
        b. Transfiere archivos entre *hosts* de manera confiable.
        c. Transfiere hipertexto y comunica información en la WWW.
        d. Protocolo simple de transferencia de correo.

        d. SMTP.
        c. HTTP.
        b. FTP.
        a. DNS.

8. **Complete las siguientes frases:**

La principal diferencia entre TCP y UDP es la cantidad de **sobrecarga** que presentan.

Los **segmentos** TCP tienen 20 bytes de sobrecarga para encapsular datos de la capa de aplicación, mientras UDP solo requiere **8 bytes** de sobrecarga.

9. Aplicaciones de transmisión de video o voz que emiten en Internet suelen trabajar con el protocolo...

    a. ... TCP.
    b. ... IP.
    c. ... UDP.
    d. ... Telnet.

10. ¿Cuál es la principal utilidad de disponer de la NAT estática en una red?

La utilidad de la NAT estática es que permite que los *hosts* de una red externa puedan acceder a un determinado *host* de una red privada.

11. NAT es un protocolo que...

    a. ... sincroniza de un modo confiable los relojes de los dispositivos que operan en una red IP.
    b. ... utiliza un mecanismo orientado a conexión para transferir archivos entre *hosts* de una red de manera confable.
    c. ... convierte direcciones IP privadas en direcciones públicas.

12. Señale cuáles de las siguientes características son ciertas sobre Iptables:

    a. Pertenecen a las diferentes versiones de *Windows.*
    b. Pertenecen a las distribuciones *Linux.*
    c. Permiten realizar la programación de servicios NAT.
    d. Se utilizan para conocer la dirección física y lógica de un PC.

13. ¿De qué clase es la siguiente dirección IP y cuál es su máscara de subred correspondiente: 58.124.97.125?

Clase A con la mascara 255.0.0.0

14. De la siguiente IP, ¿qué parte corresponde a red y qué parte al *host:* 125.35.47.85?

Se trata de una dirección de clase B, por lo tanto los dos primeros octetos, 125.35 corresponden a red y 47.85 es la parte del *host.*

15. **¿Qué comando se emplea para verificar si hay conectividad con otro *host* pertene-ciente a la red?**

   a. ipconfig /all.
   b. Ping.
   c. Traceroute.
   d. Tracert.
   e. ICM.

Solucionario Capítulo 2

1. ¿Cuál de los siguientes *softwares* no son utilizados como servidores proxy?

    a. Janaserver.
    b. Wingate.
    c. Zone alarm.
    d. Squid.

2. Relacione las siguientes funciones:

    a. DNS.
    b. DHCP.
    c. FTP.
    d. Proxy.

    d. Actúa como pasarela entre redes.
    c. Comparte información entre distintos equipos.
    b. Asigna direcciones IP automáticamente.
    a. Resuelve nombres de dominio a direcciones IP.

3. *Bind* es un *software* utilizado para configurar servidores <u>DNS</u> y está disponible para el/los sistema/s <u>*Linux y Windows*</u>.

4. En una red de área local (LAN)...

    a. ... el servidor DHCP asigna direcciones IP automáticamente y algunos parámetros más.
    b. ... es necesario instalar siempre un servidor DHCP para que funcione adecuadamente.
    c. ... tiene que haber un servidor DHCP por cada *router.*

5. ¿Qué línea de comando se debe introducir en el terminal de un sistema *Linux* para instalar Bind 9?

sudo apt-get install bind9

6. **Defina el sistema de nombres de dominio (DNS).**

Consiste en un sistema jerárquico que asigna nombres a equipos y servicios de red y los almacena en una base de datos distribuida.

7. **¿Cuál de los siguientes paquetes se envía como *unicast* y se utiliza para solicitar una dirección IP en configuraciones DHCP?**

    a. DHCPACK.
    b. DHCPREQUEST.
    c. DHCPISCOVER.
    d. DHCPOFFER.

8. **Indique si la siguiente afirmación es verdadera o falsa: "BOOTP es un protocolo posterior a DHCP, que se utiliza para complementar algunas funciones de las que carece DHCP".**

    ☐ Verdadero
    ☑ **Falso**

9. **La utilidad de *Windows Server* en la que se muestra un resumen de las funciones y dispone de un botón para agregar algunas, como DHCP o DNS se denomina...**

    a. ... panel de control.
    b. ... centro de redes.
    c. ... servicios de red.
    d. ... administración del servidor.

10. **Cite algunas ventajas de utilizar un servidor proxy.**

Es necesaria solo una dirección IP para toda la red, fácil instalación, menor tráfico en la red, ahorro del ancho de banda, puede actuar como un *firewall*, precio económico o nulo, control del contenido web que se visita.

11. ¿Cuál de las siguientes licencias únicamente permite utilizar un *software* durante 30 días como máximo?

     a. Shareware.
     b. Freeware.
     c. GPL.

12. El comando *host* se emplea en sistemas *Linux* para encontrar la dirección IP del dominio especificado.

13. ¿Qué línea de comando se utiliza en un sistema *Windows* para ver el contenido caché DNS?

     ipconfig /displaydns

14. Wingate es un *software* proxy...

     a. ... libre para sistemas *Windows.*
     b. ... comercial para sistemas *Windows.*
     c. ... libre para sistemas *Linux.*
     d. ... comercial para sistemas *Linux.*

15. Señale cuáles de las siguientes características se corresponden con los servidores Proxy caché:

     a. Reducen el tráfico de salida a Internet.
     b. Asignan direcciones IP automáticamente.
     c. Suministran rápidamente contenidos descargados por otros usuarios.
     d. Permiten seleccionar y compartir los mismos archivos durante meses.

Solucionario Capítulo 3

1. ¿Cuál de los siguientes dispositivos reenvía siempre el mismo mensaje por todos los demás puertos del que lo recibe?

   a. *Switch.*
   b. ***Hub.***
   c. *Bridge.*
   d. *Router.*

2. El método de conmutación *Store and forward* (Almacenamiento y envío) recibe la trama completa antes de enviarse.

3. Los dispositivos de conmutación de nivel cuatro también son conocidos como Layer 3 plus.

4. Relacione los siguientes elementos con la característica que corresponda:

   a. Conmutador.
   b. *Hub.*
   c. *Router.*

   c. Encamina paquetes hacia su destino.
   a. Conecta redes LAN que utilicen e mismo protocolo.
   b. Reenvía siempre los mensajes que recibe por todos los dispositivos.

5. Rellene la siguiente tabla:

Protocolos Enrutables	Protocolos No enrutables
IP	LAT
IPX	NetBeui
Dec Net	DLC

6. Indique si la siguiente afirmación es verdadera o falsa: "Multicast es el proceso en el que se envía información de un nodo a un grupo seleccionado".

    ☑ **Verdadero**
    ☐ Falso

7. En el proceso de *broadcast* se envía información de un nodo...

    a. ... a un grupo seleccionado.
    b. ... a todos los dispositivos de la red.
    c. ... a un único receptor.

8. Para cambiar al modo privilegiado en la consola de un *switch* o *router* el comando es <u>Enable.</u>

9. ¿Para qué se utiliza el comando ip route?

Para la configuración de rutas estáticas en los encaminadores.

10. ¿Qué medida de seguridad genera claves dinámicas cada vez que se establece una conexión con el dispositivo inalámbrico?

    a. Encriptación WEP.
    b. Encriptación WPA.
    c. Autenticación.

11. ¿En qué banda y a qué velocidad puede transmitir el estándar inalámbrico 802.11?

En la banda 2,4 GHz y puede alcanzar una velocidad de transmisión de 54 Mbps.

12. Señale cuál de las características están relacionadas con las redes **VLAN:**

    a. Permiten agrupar *hosts* en grupos de interés.
    b. RIP.
    c. IGRP.
    d. Trunking protocol.

13. El protocolo EIGRP...

    a. ... es un protocolo exclusivo de CISCO que combina los estándares vectores de distancia y *link state routing*.
    b. ... es empleado por grandes nodos de Internet para comunicarse.
    c. ... es un protocolo de enrutamiento por estado de enlace jerárquico.

14. El modo en el que se comunican nodos mediante un dispositivo intermedio se denomina <u>modo infraestructura.</u>

15. Los mensajes DPU son:

    a. Mensajes utilizados por el protocolo EIGRP.
    b. Mensajes encriptados por la técnica WEP.
    c. **Intercambiados por los puentes para establecer una estructura de árbol adecuada.**

Solucionario 7

Gestión de redes telemáticas

Solucionario Capítulo 1

1. **¿Por qué se considera adecuado el modelo PDIOO frente a otros modelos?**

Porque incorpora las mejores características de diversos modelos.

2. **La etapa durante la que se monitoriza la red es:**

   a. Retirar.
   b. Vigilar.
   c. Operar.
   d. Implantar.

3. **Señale si las siguientes afirmaciones son verdaderas o falsas:**

   a. La redundancia es un requisito que se establece durante la planificación.

   ☑ **Verdadero**
   ☐ Falso

   b. La legislación vigente no es un requisito previo de la fase de planificación, sino de la fase de diseño.

   ☐ Verdadero
   ☑ **Falso**

4. **¿En qué momento se empieza a elaborar la documentación de la red y cuándo se termina?**

Desde el principio hasta el final. Realmente, nunca se termina porque el ciclo continúa.

5. **¿Cuándo se crean los planos lógicos de la red y cuándo se establecen como definitivos?**

Se crean durante la fase de diseño. Se establecerán como definitivos en la fase de optimizar.

6. **Entre los requisitos que delimitan el desarrollo de la red se encuentran...**

   a. ... la seguridad.
   b. ... el precio.
   c. ... la distribución física de los equipos.
   d. **Todas las opciones son correctas.**

7. **Al desplegar la red, antes de nada hay que colocar los servidores en los armarios *rack*. ¿Verdadero o falso? Razone su respuesta.**

   Falso. Es necesario tener implementado el cableado para poder hacer la instalación en el *rack*.

8. **En los armarios *rack* se colocarán, entre otras cosas...**

   a. ... PC de sobremesa.
   b. ... la documentación de seguridad.
   c. ... las copias de los discos duros.
   d. **... *routers*.**

9. **¿Qué consideraciones hay que tener en cuenta antes de retirar algún material?**

   Hay que considerar si existe un material mejor que haya dejado obsoleto al que se va a retirar, siempre que sea asumible económicamente por la empresa, o que la red haya llegado al punto final en el que no se pueda mejorar, y entonces se debe plantear hacer una nueva red.

10. **Indique al menos dos fabricantes de analizadores de red, y cuál es su función.**

    Adler y Fluke entre otros muchos. Su función es comprobar el buen funcionamiento de la red y la de verificar que los cables cumplen con las normas constructivas.

11. **Reordene correctamente las siguientes fases del ciclo PDIOO.**

    4. Retirar.
    2. Operar.
    3. Optimizar.
    1. Implementar.

12. **La instalación de puntos de acceso...**

    a. **... se realiza durante la fase de implementación.**
    b. ... se realiza durante la fase de diseño.
    c. ... se realiza durante la fase de optimización.
    d. Todas las opciones son incorrectas.

13. **¿Es cierto que el diseño no se realiza solamente durante la etapa diseñar? Justifique su respuesta.**

    Sí, en la fase de diseño se lleva a cabo el planteamiento lógico y físico de la red. Debe establecerse cuál es la mejor distribución de los elementos teniendo en cuenta que, posteriormente se deberán mantener o sustituir los mismos.

14. **Relacione la etapa del ciclo PDIOO con el elemento correspondiente.**

    a. Preparar.
    b. Optimizar.
    c. Diseñar.
    d. Retirar.

    d. Cambiar un dispositivo.
    c. Se hace un plano físico.
    b. Se reconfigura un router.
    a. Analizar costes.

15. ¿A qué se refiere la escalabilidad?

      a. A poder aumentar el presupuesto para marketing.
      b. Prever las necesidades tecnológicas futuras.
      c. Escoger solamente el material más barato.
      d. Tener dispositivos redundantes.

Solucionario Capítulo 2

1. ¿Qué fases del modelo PDIOO se refieren a la administración de red?

Operar y optimizar.

2. Señale la respuesta correcta. La documentación de la red debe guardarse en...

   a. ... la LOPD.
   b. ... el NOC.
   c. ... la KB.
   d. Todas las opciones son incorrectas.

3. La disponibilidad consiste en mantener los servicios de red disponibles para cualquier usuario. ¿Verdadero o falso? Razone su respuesta.

Verdadero. Siempre que accedan los usuarios que tengan permiso.

4. ¿Sobre qué pilares descansa la seguridad de la red?

Confidencialidad, integridad y disponibilidad.

5. ¿Cómo debe llevarse a cabo el control de cambios en la red?

Debe registrarse quiénes son los responsables de dichos cambios (quién lo realiza, por qué, cómo, cuándo), manteniendo también diferentes versiones de los datos por si hiciera falta recuperar alguno.

6. Se puede encontrar un patch panel en...

   a. ... la CMDB.
   b. ... la KB.
   c. ... un armario *rack*.
   d. ... un servidor.

7. **Señale si las siguientes afirmaciones son verdaderas o falsas.**

    a. El *Help Desk* es responsable de establecer las medidas de seguridad de la red.

      □ Verdadero
      ☑ **Falso**

    b. La legislación vigente no afecta a la implantación de las medidas de seguridad.

      □ Verdadero
      ☑ **Falso**

8. **En la CMDB se puede almacenar...**

    a. ... solamente datos no sensibles.
    b. ... las nóminas de la empresa.
    c. ... las copias de seguridad de los discos duros.
    d. **... las configuraciones de los routers.**

9. **La gestión de capacidad, ¿gestiona también la demanda? Razone su respuesta.**

    Sí. Debe influenciar sobre ella para que no haya servicios que abusen de la capacidad disponible.

10. **Indique al menos dos herramientas de gestión de configuraciones, una de *software* libre y otra comercial.**

    De *software* libre: RANCID.

    De *software* comercial: Cisco Works LMS.

11. **Entre los objetivos de la disponibilidad figura...**

    a. ... racionalizar el uso de los recursos.
    b. ... gestionar los cambios del *software*.

    c. ... retirar el material en mal uso.

    d. ... llegar al 100 % de disponibilidad.

12. La norma ISO 27002...

    a. ... solo es un guión de buenas prácticas.

    b. ... sirve para que las empresas obtengan un certificado.

    c. ... solo se puede aplicar en la Unión Europea.

    d. Todas las opciones son correctas.

13. ¿Las políticas de seguridad las lleva a cabo un único departamento de la empresa? Justifique su respuesta.

No. Las políticas de seguridad son responsabilidad de la gestión de seguridad, pero es responsabilidad de todos los miembros de la empresa el aplicarlas.

14. Relacione cada gestión con el elemento correspondiente:

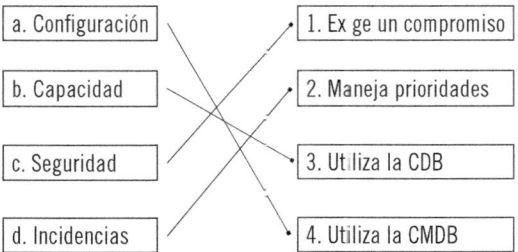

15. Un NIDS...

    a. ... es un sistema que evita las infecciones por virus.

    b. ... previene que se produzcan intrusiones.

    c. ... sirve para que salten alertas cuando se produce una intrusión.

    d. ... aumenta la velocidad de los enlaces.

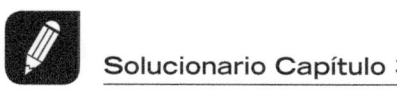

Solucionario Capítulo 3

1. **¿Qué elementos se deben definir en los diferentes estándares de gestión?**

   Entidades participantes, estructura de datos y protocolos de comunicación.

2. **Una entidad que participa en la gestión es:**

   a. La estructura de datos.
   b. El SMI.
   c. Un dispositivo gestionado.
   d. Todas las opciones son incorrectas.

3. **El agente de gestión está instalado en todos los dispositivos gestionados. ¿Verdadero o falso? Razone su respuesta.**

   Verdadero. Es el *software* que hace posible al NMS gestionar el dispositivo.

4. **¿Cuáles son las capas en las que se divide el modelo OSI?**

   Son 7 capas: aplicación, presentación, sesión, transporte, red, enlace de datos y física.

5. **¿Para qué sirve la SMI?**

   Establece un estándar para el formato de los datos

6. **Una de las tareas de los protocolos de gestión es:**

   a. Acelerar la red.
   b. Controlar el acceso a los servicios.
   c. Administrar cuentas de usuario.
   d. Administrar alarmas.

7. **Señale si las siguientes afirmaciones son verdaderas o falsas.**

    a. Una entidad gestora es una máquina con el software adecuado para que el administrador pueda operar.

        ☑ **Verdadero**
        ☐ Falso

    b. Los protocolos de comunicación establecen el formato de los datos que se van a transmitir.

        ☑ **Verdadero**
        ☐ Falso

8. **Un servicio que corre con CMISE es:**

    a. SNMP.
    b. CMIP.
    c. ROSE.
    d. RMON.

9. **Explique las ventajas de la estandarización de los protocolos de gestión.**

Diferentes tecnologías podrán interactuar. Además, el cambio del sistema de gestión debería ser más sencillo que si no se estandarizase.

10. **Indique al menos dos protocolos de gestión que se utilicen en la gestión de redes.**

CMIP y SNMP.

11. **El protocolo de la capa de transporte en SNMP es:**

    a. TCP.
    b. UDP.
    c. CMIP.
    d. IP.

12. La codificación TLV...

    a. ... forma parte del estándar ASN.1.
    b. ... sirve para establecer el formato de datos.
    c. ... se corresponde con las siglas de tipo, longitud y valor.
    d. Todas las opciones son correctas.

13. ¿Deben gestionarse todos los dispositivos que hay en la red? Razone su respuesta.

Deben gestionarse primero los elementos más importantes de la red, teniendo en cuenta el volumen de información a manejar.

14. Relacione cada elemento con el correspondiente:

    a. Entidad gestora.
    b. Protocolo de gestión.
    c. Agente de gestión.
    d. Dispositivo gestionado.

    c. Envía trampas.
    b. Regula la comunicación.
    d. Contiene objetos gestionados.
    a. Controla la gestión.

15. Señale entre las siguientes opciones una capa de TCP/IP.

    a. Presentación.
    b. Física.
    c. Red.
    d. Transporte.

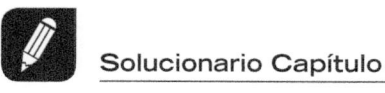

Solucionario Capítulo 4

1. **¿Qué elementos intervienen en la arquitectura de SNMP?**

   Los dispositivos administrados, los agentes de gestión y el sistema de administración.

2. **Un objetivo de SNMP es:**

   a. Aumentar la velocidad.
   b. La transmisión confiable.
   c. La sencillez.
   d. Todas las opciones son incorrectas.

3. **El agente proxy está instalado en todos los dispositivos gestionados. ¿Verdadero o falso? Razone su respuesta.**

   Falso. Solo es necesario para comunicar sistemas de diferente versión, lo mejor es que se instale en algún NMS.

4. **Señale si las siguientes afirmaciones son verdaderas o falsas.**

   a. El NMS es el sistema servidor.

   ☐ Verdadero
   ☑ **Falso**

   b. Los trap los envía el dispositivo administrado.

   ☑ **Verdadero**
   ☐ Falso

5. **¿Cuáles son los mensajes que puede enviar un NMS a un agente?**

   GetRequest, GetNextRequest, SetRequest y GetBulkRequest.

6. ¿Cuál es la función de MIB?

Alojar los datos de administración de forma distribuida con una nomenclatura única y estandarizada.

7. ¿En qué capa opera SNMP?

    a. Acceso a red.
    b. Internet.
    c. Transporte.
    d. Aplicación.

8. La nomenclatura utilizada en la MIB...

    a. ... puede realizarse con números separados por puntos.
    b. ... puede realizarse con nombres separados por puntos.
    c. ... es unívoca, ningún nombre se repite en todo el árbol.
    d. Todas las opciones son correctas.

9. Explique dónde se almacena la base de datos MIB.

En cada dispositivo administrado se almacena la parte correspondiente a dicho dispositivo.

10. Indique al menos dos maneras de que dispone el NMS para solicitar una tabla.

Por GetRequest y GetNextRequest, o por GetBulkRequest.

11. Los puertos que usa SNMP son:

    a. 161 y 162 UDP.
    b. 163 y 164 UDP.
    c. 163 y 164 TCP.
    d. 161 y 162 IP.

12. Las versiones que incluyen el comando GetBulkRequest son:

    a. La 1.
    b. La 2 y la 3.
    c. La 3.
    d. La 1 y la 2.

13. ¿Los trap se envían de manera confiable? Razone su respuesta.

No. Se trata de utilizar los menores recursos posibles.

14. Relacione cada elemento con su característica correspondiente:

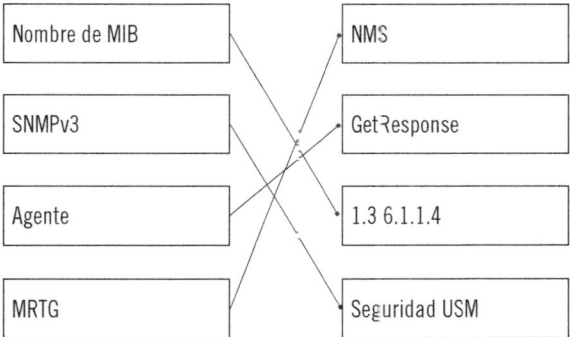

15. Un trap se envía:

    a. Cada cierto tiempo.
    b. Cuando ocurre algo relevante en el agente.
    c. Cuando ocurre algo relevante en el NMS.
    d. Cuando el usuario administrador lo decida.

Solucionario Capítulo 5

1. ¿En qué capas opera el protocolo RMON2?

Aplicación, transporte e internet.

2. Una característica de RMON es:

   a. Aumenta la velocidad.
   b. **Utiliza un conjunto propio de MIB**.
   c. Aumenta la seguridad.
   d. Todas las opciones son incorrectas.

3. Cada sonda debe colocarse en un segmento de red. ¿Verdadero o falso? Razone su respuesta.

Verdadero. Es para poder capturar el tráfico de la red, si no, no podría. Otra opción es que se instale en el switch o usar puertos SPAN.

4. Señale si las siguientes afirmaciones son verdaderas o falsas.

   a. Cada sonda se comunica con un único NMS.

      ☐ Verdadero
      ☑ **Falso**

   b. La sonda puede estar ubicada er un router.

      ☑ **Verdadero**
      ☐ Falso

5. ¿Cuáles son los elementos que participan en RMON?

El NMS, las sondas y el protocolo SNMP.

6. ¿Qué es la monitorización anticipada?

Una operación de RMON en la que el monitor tiene la capacidad de realizar diagnósticos registrando la actividad en la red.

7. ¿En qué capa opera RMON1?

    a. Acceso a red.
    b. Internet.
    c. Transporte.
    d. Aplicación.

8. ¿Qué es la mini-RMON?

    a. Una versión reducida de RMON, con solo unos grupos MIB.
    b. Una versión reducida de RMON, sin agente.
    c. Una versión que se actualiza sin necesidad de configurar nada.
    d. Todas las opciones son correctas.

9. Explique cómo están formadas las sondas.

Por un agente SNMP y la MIB RMON. Mediante el agente envía las comunicaciones al NMS y por la MIB se configura.

10. ¿Únicamente los agentes SNMP envían traps? Razone su respuesta.

Sí. La sonda RMON envía traps a través del agente que tiene incluido.

11. Indique al menos dos ventajas que supone el uso de RMON.

- Disminución del consumo de recursos en la red y en la estación central de gestión.
- El NMS no realiza peticiones continuas, solo envía las solicitudes cuando le interesa.
- Detección local de fallos informando al NMS de los mismos.
- Monitorización configurable de la sonda RMON.
- Realización de informes y análisis de los mismos.

▌ Recolección de información para múltiples gestores (la sonda almacena la configuración que recibe en tablas que luego puede distribuir entre varios NMS).

12. Los clientes en RMON son:

    a. Los agentes SNMP.
    b. Las sondas y los NMS.
    c. Solo los NMS.
    d. Solo las sondas.

13. Un grupo de la MIB2 es:

    a. Capture.
    b. Token Ring.
    c. Address Map.
    d. History.

14. Relacione cada elemento con su característica correspondiente:

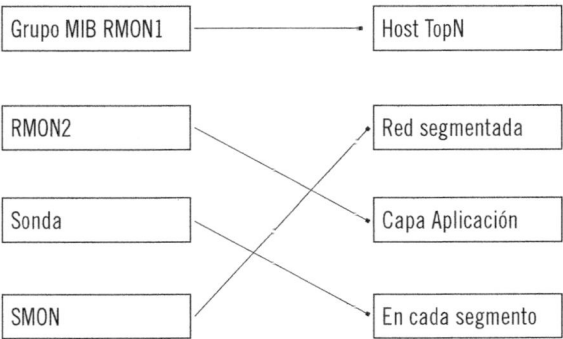

15. Una variable de umbral sirve para...

    a. ... que cada cierto tiempo se genere un evento.
    b. ... que cada cierto tiempo se consulte una variable.
    c. ... informar sobre el estado de la sonda al NMS.
    d. ... enviar un evento al NMS cuando una variable supera cierto valor.

Solucionario Capítulo 6

1. ¿Para qué pueden emplearse las herramientas de diagnóstico?

Para averiguar el estado de los equipos, sus puertos y sus servicios, e incluso podría dar información relativa a la versión del sistema operativo y aplicaciones de red que se están usando.

2. Señale la respuesta correcta. Una ventaja de NetFlow es:

    a. Aumenta la velocidad.
    b. Ayuda a los análisis de seguridad.
    c. Lo utiliza Cisco.
    d. Todas las opciones son incorrectas.

3. Señale si las siguientes afirmaciones son verdaderas o falsas.

    a. La monitorización activa implica el envío de traps por parte de agentes.

        ☐ Verdadero
        ☑ **Falso**

    b. Nmap es una herramienta para monitorizar el rendimiento.

        ☐ Verdadero
        ☑ **Falso**

4. ¿Cuáles son las tres fases de trabajo de Cacti?

Recolección, almacenamiento y presentación.

5. Para que NetFlow funcione es necesario tenerlo habilitado en todos los routers de la red. ¿Verdadero o falso? Razone su respuesta.

Falso. Basta con encontrar los routers estratégicamente colocados por donde pase todo el tráfico que se quiera analizar.

6. ¿Qué es lo que hace la herramienta Traceroute?

Informa sobre la calidad de la conexión y sobre la conectividad, además informa sobre los routers por los que pasan los datos.

7. El criterio principal para seleccionar los servicios a monitorizar es:

    a. Lo que diga el Help Desk.
    b. Lo que indiquen los SLA.
    c. Lo que indique el MRTG.
    d. Dependerá de lo que salga de Nagios.

8. Con MRTG, ¿qué se puede hacer?

    a. Instalarlo en los equipos para que envíen traps al NMS.
    b. El seguimiento de la conexión entre dos dispositivos.
    c. Un gráfico que muestra el tráfico de los dispositivos administrados.
    d. Todas las opciones son correctas.

9. Explique qué tipo de pruebas se pueden hacer para planificar la monitorización.

    ▎ Pruebas de rendimiento (de carga normal).
    ▎ Pruebas de estrés (probarlo hasta hacer que "rompa").
    ▎ Simulaciones.

10. ¿Para usar Nagios es necesario un servidor web? Razone su respuesta.

Sí. Para que albergue la página desde donde se visualizan los resultados.

11. Indique dos elementos que conforman Cricket.

El colector y Grapher.

12. **Indique un cliente de Nagios:**

    a. NetFlow.
    b. Grapher.
    c. RRD.
    d. Nsclient++.

13. **Para elaborar un gráfico con Cacti...**

    a. ... se puede configurar sin SNMP.
    b. ... no necesita servidor web.
    c. ... se puede escoger el OID de la MIB.
    d. ... se necesita el Front-End Graph.

14. **Relacione cada elemento con el correspondiente:**

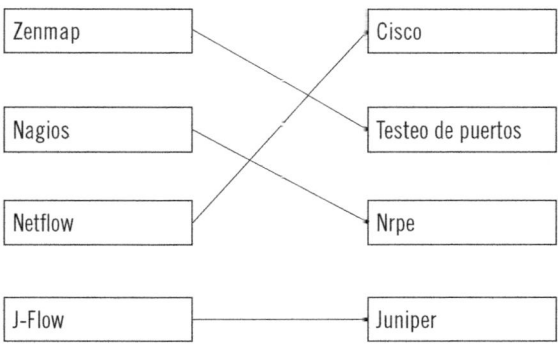

15. **Indique cuál de los siguientes es un protocolo de administración de red.**

    a. Nagios.
    b. Cricket.
    c. RRD.
    d. RMON.

 Solucionario Capítulo 7

1. **¿Qué conceptos han de tenerse en cuenta en la planificación del análisis de rendimiento?**

   El propósito, los destinatarios y el alcance.

2. **Para valorar la utilización del canal se puede emplear...**

    a. ... el ancho de banda.
    b. ... el Jitter.
    c. ... el 95-percentil.
    d. Ninguna de las respuestas anteriores es correcta.

3. **Señale si las siguientes afirmaciones son verdaderas o falsas.**

    a. Intentar mitigar el Jitter puede aumentar la latencia.

       ☑ **Verdadero**
       ☐ Falso

    b. Entre los destinatarios de la información de los análisis pueden estar los clientes de la empresa.

       ☑ **Verdadero**
       ☐ Falso

4. **Para mejorar el rendimiento de los servidores es útil el uso del clustering. ¿Verdadero o falso? Razone su respuesta.**

   Verdadero. Consiste en el balanceo de carga a través del uso de varios servidores conjuntamente, repartiéndose el trabajo.

5. ¿Cuál es la diferencia entre indicador y métrica?

El indicador puede estar formado por varias métricas, aporta una información más completa.

6. ¿Qué soluciones existen para garantizar la disponibilidad de los servicios?

La redundancia y el balanceo de carga.

7. Un elemento que se usa para calcular el retardo de transmisión es:

    a. El retardo de propagación.
    b. La distancia.
    c. El tamaño del paquete.
    d. La velocidad de la CPU.

8. ¿Qué se puede utilizar para medir el retardo?

    a. Smokeping.
    b. Tracert.
    c. Ping.
    d. Todas las opciones son correctas.

9. Explique qué se suele hacer para evitar la variación del retardo.

Ampliar el buffer para almacenar colas, lo que provoca más retardo.

10. De los dispositivos de entrada/salida, ¿los más importantes de monitorizar son los discos duros? Razone su respuesta.

Sí. Son elementos que almacenan información muy importante, y son más frágiles que los CD, por ejemplo.

11. **Indique tres elementos que limiten la capacidad efectiva de un canal.**

Las características de los dispositivos intermedios, la carga adicional de procesamiento de las diversas capas y la eficiencia de los protocolos.

12. **La causa más importante de la pérdida de paquetes es:**

    a. El bajo ancho de banda.
    b. El uso de caché.
    c. La congestión de la red.
    d. El archivo de paginación.

13. **Un elemento que se usa para calcular el retardo de extremo a extremo es:**

    a. El retardo de propagación.
    b. El Jitter.
    c. **La capacidad de la CPU.**
    d. El ancho de banda ocupado.

14. **Relacione cada elemento con su característica correspondiente:**

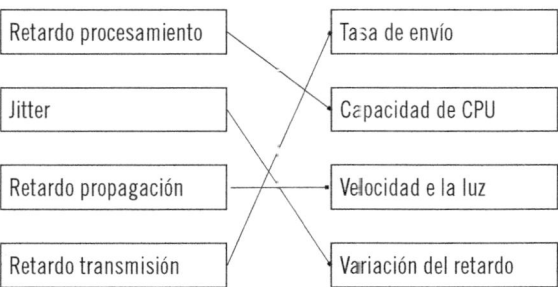

15. **Entre las medidas correctivas se encuentra...**

    a. ... instalar sistemas de alimentación ininterrumpida.
    b. ... colocar el router en otra red.
    c. ... cambiar el direccionamiento IP.
    d. **... modificar el uso de la red.**

Solucionario Capítulo 8

1. **¿Qué tipos de mantenimiento preventivo conoce?**

   Programado, predictivo, por oportunidad y por actualizaciones.

2. **¿Cuál es una ventaja del mantenimiento preventivo?**

   a. Aumenta la disponibilidad.
   b. Ayuda a definir puntos débiles.
   c. Reduce las inversiones.
   d. Todas las opciones son incorrectas.

3. **Señale si las siguientes afirmaciones son verdaderas o falsas.**

   a. La monitorización se emplea en el mantenimiento predictivo.

   ☑ **Verdadero**
   □ Falso

   b. El mantenimiento programado no se adapta a las necesidades de producción.

   □ Verdadero
   ☑ **Falso**

4. **¿En qué cuatro aspectos se centran las operaciones de mantenimiento?**

   La limpieza, las reparaciones, la configuración y las actualizaciones.

5. **Entre las operaciones de mantenimiento se incluye la inspección de los logs. ¿Verdadero o falso? Razone su respuesta.**

   Verdadero. Los logs explican cómo interpretar los mensajes del sistema (alerta, emergencia, etc.), además de su gestión.

6. ¿Qué es una ventana de mantenimiento?

Es el intervalo de tiempo dentro del cual se puede realizar un mantenimiento preventivo.

7. El plan de mantenimiento establece...

a. ... la formación.
b. ... los niveles de producción.
c. ... el número de averías.
d. ... el consumo de recursos de la empresa.

8. En los manuales debe aparecer...

a. ... las normas legales que afectan al dispositivo.
b. ... las condiciones ambientales de uso del dispositivo.
c. ... indicaciones sobre el mantenimiento del sistema.
d. Todas las opciones son correctas.

9. Explique por qué hay que asegurarse de la versión de firmware que hay que actualizar.

Porque supone un riesgo equivocarse, ya que puede causar daños irreparables.

10. ¿Se puede usar un diagrama de espina de pescado para resolver una incidencia? Razone su respuesta.

Sí. Porque ayuda a analizar las causas y las relaciona.

11. Indique al menos tres recomendaciones de buenas prácticas con el firmware.

- Actualizaciones automáticas.
- Registrar el producto.
- Asegurarse de emplear actualizaciones auténticas.
- Revisar requisitos.
- Asegurarse de la capacidad.
- Buscar el momento adecuado.

▌ Nunca apagar o reiniciar.
▌ Baterías cargadas.

12. Un gráfico Gant...

a. ... indica la probabilidad de fallos de un dispositivo.
b. ... ayuda a resolver problemas por tormenta de ideas.
c. ... sirve para resaltar la cantidad de averías que se producen.
d. ... puede servir para establecer un calendario de inspecciones.

13. Entre los criterios para establecer la periodicidad de las inspecciones figura...

a. ... la formación de los empleados.
b. ... la velocidad de las conexiones.
c. ... la antigüedad del material.
d. ... las herramientas disponibles.

14. Relacione cada elemento con el correspondiente:

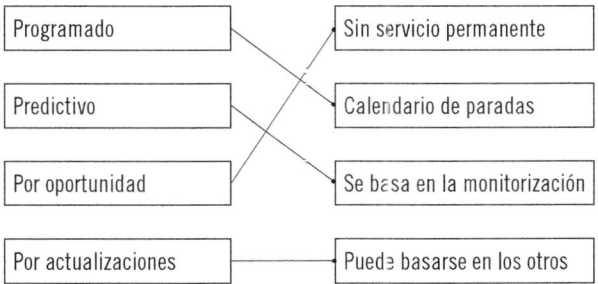

Programado — Sin servicio permanente

Predictivo — Calendario de paradas

Por oportunidad — Se basa en la monitorización

Por actualizaciones — Puede basarse en los otros

15. Una de las fases de la calidad es:

a. Borrar.
b. Hacer.
c. Contratar.
d. Calcular.

Resolución de incidencias en redes telemáticas

Solucionario Capítulo 1

1. ¿Qué es una incidencia?

Acontecimiento que acaece de manera imprevista y que provoca una merma o cese de los servicios que ofrece una red telemática.

2. De las siguientes afirmaciones, diga cuál es verdadera o falsa.

a. Se puede definir igual una incidencia, un problema y una petición de usuario.

☐ Verdadero
☑ **Falso**

b. Se suele tratar igual y con los mismos programas una incidencia, un problema y una petición de usuario.

☑ **Verdadero**
☐ Falso

c. Actualmente, se ha ampliado mucho el uso de programas de gestión de incidencias en las empresas.

☑ **Verdadero**
☐ Falso

3. Complete el siguiente texto.

ANS o SLA: Acuerdo de **Nivel de Servicio** o Service Level Agreement. Es un documento o acuerdo en el que se especifican los requisitos **mínimos** que debe cumplir el servicio contratado entre cliente y proveedor.

4. Enumere los objetivos de la Gestión de incidencias.

▪ Detección temprana del incidente.
▪ El servicio se debe reestablecer de la forma más rápida posible.
▪ Se debe asegurar el cumplimiento del ANS (Acuerdo de Nivel de Servicio), en inglés SLA *(Service Level Agreement)*.

I Estimación del nivel del impacto de los incidentes y su posible propagación.

I Si es posible, ofrecer una alternativa al cliente para que pueda seguir operando, una solución temporal o parcial, a pesar de esta falta de servicio.

I Resolución de este incidente de manera permanente.

5. **Marque la respuesta incorrecta. ¿Quiénes notifican la caída de la red?**

    a. Usuario y/o cliente.

    b. Administrador de la red.

    c. **Técnico de la empresa suministradora de luz.**

    d. Sistema automático de gestión de redes.

6. **Enumere las actividades de la gestión de incidencias descritas.**

I Identificación.

I Registro.

I Clasificación.

I Priorización.

I Diagnóstico inicial.

I Escalado.

I Investigación y diagnóstico.

I Resolución y recuperación.

I Cierre.

7. **Indique cuál de las siguientes afirmaciones sobre el registro de una incidencia no es correcta:**

    a. Es importante el registro de la incidencia.

    b. **Se puede registrar en cualquier folio o papel, si luego se archiva en el archivador correspondiente.**

    c. Se registra en una base de datos, programa web o cualquier herramienta usada para este fin.

    d. Ayuda al diagnóstico de nuevos incidentes.

8. De las siguientes afirmaciones, diga cuál es verdadera o falsa.

    a. La urgencia de una incidencia no es significativa para su clasificación.

        □ Verdadero
        ☑ **Falso**

    b. El impacto de la incidencia tampoco es significativo a la hora de clasificarla.

        □ Verdadero
        ☑ **Falso**

    c. La clasificación puede ir cambiando en el tiempo de vida de una incidencia.

        ☑ **Verdadero**
        □ Falso

9. Complete el siguiente texto.

Una prioridad está basada en el **impacto** y la urgencia y es utilizada para identificar el **tiempo** que se necesita para que las acciones se lleven a cabo.

10. Indique cuál de las siguientes afirmaciones sobre el escalado, la investigación y el diagnóstico de una incidencia no es correcta.

    a. Son importantes todos los pasos que se dan en la gestión de incidencias para facilitar la tarea de diagnóstico.
    b. La fase de investigación se puede repetir varias veces.
    c. **No se puede realizar un escalado a un departamento diferente al que está investigando la incidencia.**

11. Enumere las actividades a tener en cuenta en la actividad de cierre.

    ❚ Tener el visto bueno de los departamentos o personas que han dado el diagnóstico y la solución de la incidencia.
    ❚ Informar al cliente de la solución y recuperación de la red.
    ❚ Repasar toda la información que conlleva esta gestión de la incidencia.
    ❚ Registrar toda la información que no haya sido registrada.

I Informar a los departamentos que se encargan de la mejora de la calidad y al estudio de posibles errores, por si es necesaria una posterior investigación para evitar que vuelva a ocurrir.

12. Marque la respuesta correcta sobre ITIL.

a. Es un servicio de atención al usuario.
b. Es un programa basado en web de gestión de incidencias.
c. Es un manual de buenas prácticas o metodología.
d. Todas las opciones son incorrectas.

13. Indique algunas métricas que se pueden utilizar en la gestión de incidencias en redes.

I Cantidad total de incidentes.
I Tiempo de falta de servicio.
I Cantidad de incidentes acumulados.
I Cantidad de incidentes graves.
I Tiempo medio de resolución.
I Coste del incidente.
I Cantidad incidentes escalados.
I Cantidad de incidentes gestionados en el plazo acordado.
I Desglose de incidentes por una periodicidad determinada.

14. Indique cuáles no son correctas. Los problemas por no implementar, o no hacerlo correctamente, este tipo de gestión de incidencias son:

a. Especialistas interrumpidos constantemente.
b. Más de una persona trabajando en el mismo caso.
c. Impacto negativo menor.
d. Mala resolución de los incidentes.
e. Falta de información a usuarios.
f. Cumplimiento del SLA.
g. Cierre de incidencia sin la certeza de una buena resolución.

15. **Relacione los sistemas de gestión de incidencias de los ejemplos con el tipo de licencia que tienen.**

    a. JIRA *Software*
    b. *Plain Tickets*
    c. OTRS

    b. *Software* propietario
    c. *Software* libre
    a. *Software* propietario, pero con licencias libres ocasionales

Solucionario Capítulo 2

1. **¿Qué se debe definir dentro de la red para acotar el problema?**

   ▮ Servicios afectados.
   ▮ Tiempo de falta o merma de servicio.
   ▮ Repercusión dentro de la empresa que trabaja con la red.
   ▮ Coste económico a esta empresa
   ▮ Cumplimiento de SLA.

2. **Marque la respuesta incorrecta. Las causas más probables en cuanto a la configuración software a nivel de red son:**

   a. Dispositivos de red dañados.
   b. Configuraciones de dispositivo incorrectas o no óptimas.
   c. Bajo nivel de red.
   d. Problemas de autenticación y asociación.
   e. Ancho de banda de red insuficiente.

3. **De las siguientes afirmaciones, diga cuál es verdadera o falsa.**

   a. La notificación de incidencias o problemas la reciben solo ingenieros de alto nivel.

      ☐ Verdadero
      ☑ **Falso**

   b. Para poder llegar a una solución del problema, se deben establecer antes las posibles causas.

      ☑ **Verdadero**
      ☐ Falso

   c. Los diagramas causa/efecto de Ishikawa son muy útiles para determinar las posibles causas de un problema.

      ☑ **Verdadero**
      ☐ Falso

4. En el caso en el que el problema haya desaparecido. ¿Es necesario igualmente buscar y verificar la causa?

Sí, se debe de buscar la causa igualmente, para que no vuelva a ocurrir y para evitar la inestabilidad de la red.

5. Complete el siguiente texto.

En el caso de la planificación de la resolución, se deben tener muy en cuenta los acuerdos llegados según el **SLA**. Para esto, se debe tener esta documentación accesible y **disponible,** porque es muy importante para esta planificación. Esto repercute sobre todo en los **tiempos** de contratación de servicio.

6. ¿Qué es el diagrama causa/efecto?

La visualización gráfica para el análisis de las posibles causas según los factores que han provocado este problema, ya identificado.

7. Marque la respuesta incorrecta. Los elementos del diagrama causa/efecto son:

 a. Identificación del diagrama.
 b. El problema a analizar o cabeza.
 c. Línea principal, espina central o columna vertebral.
 d. Punto céntrico o corazón del problema.
 e. Causas primarias o espinas principales.
 f. Causas secundarias o espinas.
 g. Causas o espinas menores.

8. De las siguientes afirmaciones, diga cuál es verdadera o falsa.

 a. En la identificación del problema, para realizar los diagramas causa/efecto se debe concretar lo máximo posible.

  ☑ **Verdadero**
  ☐ Falso

b. La tormenta de ideas no es un buen método para la identificación de las posibles causas.

    ☐ Verdadero
    ☑ **Falso**

c. Las 5M son un método utilizado para realizar los diagramas causa/efecto.

    ☑ **Verdadero**
    ☐ Falso

9. Enumere cinco herramientas hardware para el diagnóstico de incidencias en redes.

- Polímetro.
- Comprobador de cableado.
- Generador y localizador de tonos.
- Reflectómetro de dominio temporal.
- Certificador de cableado.

10. Complete el siguiente texto.

Los reflectómetros de dominio temporal o **TDR** *(Time Domain Reflectometry)* son dispositivos muy utilizados en redes extensas, ya que permiten **localizar** fallos en el cableado y en las redes en sitios muy distantes.

11. Enumere cinco herramientas usadas en la actualidad que trabajan como monitorizadores de red y analizadores de protocolo.

- *Microsoft Network Monitor.*
- *Tcpdump.*
- *Snoop.*
- *Wireshark.*
- *Nagios.*

12. **Indique cuál de las siguientes afirmaciones no es correcta sobre los comandos usados en los distintos sistemas operativos.**

    a. El comando *ping* muestra si un sistema está caído.

    b. El comando *ARP* muestra la tabla de MAC de los sistemas que forman una red.

    c. El comando *traceroute* muestra los servicios que están escuchando de los sistemas de una red.

13. **De las siguientes afirmaciones, diga cuál es verdadera o falsa.**

    a. El gestor de redes hace uso de un monitor de red y de un analizador de protocolo.

        ☑ **Verdadero**
        ☐ Falso

    b. *Wireshark* y *Nagios* son herramientas que se usaban hace 20 años y actualmente no se usan.

        ☐ Verdadero
        ☑ **Falso**

    c. Para la planificación de la actuación para resolver la incidencia, se debe tener en cuenta el SLA.

        ☑ **Verdadero**
        ☐ Falso

14. **Escriba el comando *ping* si se quiere conocer si el sistema con la IP 192.168.1.34 está caído y el comando *netstat* si se quieren conocer los servicios que se están ofreciendo.**

ping 192.168.1.34
netstat -an

15. **Relacione las herramientas *software* para el diagnóstico y resolución de problemas con el sistema operativo sobre el que funcionarían.**

    a. *Wireshark*
    b. *Microsoft Network Monitor*
    c. *Nagios*

    a y b. *Windows*
    a y c. *Linux*
    a. *MacOS Solaris*